LIBRARY 工学基礎＆高専TEXT

E1

基礎数学問題集［第2版］

河東泰之・監　修
佐々木良勝／鈴木香織／竹縄知之・共編著

数理工学社

LIBRARY 工学基礎 & 高専 TEXT について

LIBRARY 工学基礎 & 高専 TEXT は 2012 年から 2015 年にかけて『基礎数学』,『線形代数』,『微分積分』,『応用数学』を刊行した．そして，このたび改訂の第 1 弾として，『基礎数学 [第 2 版]』を出版することとなった．この後，『線形代数 [第 2 版]』(2022 年秋),『微分積分 [第 2 版]』(2023 年秋),『応用数学 [第 2 版]』および新たに『確率統計』(2024 年秋) と刊行を続けていく予定であり，また『応用数学』を除いた教科書には，それぞれに対応した問題集 (の第 2 版) も別に出版される．

数学があらゆる科学技術の基礎であるということはよく言われる．しかし，小学校低学年で習う算数が日常生活で必要なことは誰の目にも明らかなのに対し，より進んだ数学が，どのように実社会で有用なのかは，残念ながらそれほどわかりやすくはない．だが実際に数学，特に本ライブラリが対象としているような数学は日常生活のあらゆる面で (多くの場合表面からは直接見えない形で) 使われているのである．これらの数学がなければ，携帯電話はつながらないし，飛行機も飛ばないし，AI ソフトも動かないし，病気治療の有効性も判定できないのである．もし数学という手段を持っていなかったとしたら，我々は今でも江戸時代と変わりないような生活をしていることであろう．

コンピュータ技術の爆発的な進展に伴い，数学的な考え方の重要性もまた飛躍的に高まっている．最近社会的インパクトが盛んに強調されるデータサイエンスの基礎も数学の塊である．世界の人類は今もさまざまな危機にさらされているが，社会の構成員がどれだけのレベルの数学的理解を持っているかどうかに，我々の未来はかかっているのである．

そこで本ライブラリは，そのような未来を切り開く数学の力を身につける大きな手助けとなるようにと書かれたものである．最も基礎的なところから始め，丁寧な解説を加えて一歩ずつ進んでいくことを心がけた．これによって，単なる目先の試験だけではなく，一生使っていける数学の深い知識が身につくようになることを目指したものである．数学を理解するという深い楽しみと喜びを味わってもらえるように願っている．

2021 年秋

監修者　河東　泰之

第2版まえがき

数学は知識の体系であると同時に技術の体系でもあり，音楽・スポーツ・武道・技芸・遊戯などと同様，その十全な運用にはある程度の習熟が必要となる．

本ライブラリの問題集では，学習者が教科書の学習によって得た知識の運用に習熟し，実践にたえ得る十全な運用力を身につけるために必要十分な量の演習問題を準備し，習熟度の階梯に沿って易しい方から順に次の3つに分類した．

A 問題：教科書に載っている事項を適用すればできる問題．

B 問題：ひとひねりした応用問題．適当な例題が付されている．

C 問題：大学編入試験問題およびそれに準じるレベルの発展問題．

音楽や運動に例えるなら，A 問題は反復練習すべき基本，B 問題は基本を組み合わせた一連の動作の練習である．例題は指導者の実演に相当する．よく見ること・まねることも稽古のうちである．C 問題はいうなれば舞台や試合である．

改訂にあたり，基本方針は堅持しつつ，より見やすい構成になるよう全面的に見直した．また，例題，問題の難易度を見直し，基本的な問題を充実させた．

本巻基礎数学は，中学校数学を土台に数学的な考え方や技術を身につけ，高度な内容に備えることを目指す．自主学習は，解説を読む，問題を解く，ノートを用いるなど様々な方法や繰返しが重要と思える．公式や解き方を覚えて問題の正解を出す以外にも，可能なら内容の理解（分かること）に努めてもらいたい．

扱う内容は，紀元前6世紀に三平方の定理が証明されてから17世紀に座標平面が考案され発展した時代までに，無数の試行錯誤で得られた数学上の発明・発見を現代風にまとめたものである（ユークリッド幾何は中学校で初歩を学んでいるため含まない）．それらを習得することは，重要な知的財産を得ることにつながる．今回の改訂に当たり，第1章にあった背理法の解説を第2章に移し，第2章にあった組み立て除法を第1章に移した．また初版の使用者からお寄せ頂いた御意見・御感想をもとに，全体にわたり検討を行い改善に努めた．

また，小さめの文字のメモやマーキングなどを用いて読者の理解の手助けになるように配慮した．

この出版計画に際してお声をお掛けくださり，またご監修いただいた東京大学の河東泰之先生に，この場を借りて敬愛と感謝の念を表したい．

2021年秋　　　　編著者・執筆者一同

目　次

5 三角関数

6 図形と式

7 場合の数

教 はその問題に対して教科書『基礎数学［第 2 版］』の参考となる問，例題などです．
C 発展問題の解答はサイエンス社・数理工学社ホームページ
https://www.saiensu.co.jp
のサポートページにあります．

1 数　と　式

1.1 整式の計算

交換法則・結合法則・分配法則

(1) (**交換法則**) $A+B=B+A,\ AB=BA$

(2) (**結合法則**) $(A+B)+C=A+(B+C),\ (AB)C=A(BC)$

(3) (**分配法則**) $A(B+C)=AB+AC,\ (A+B)C=AC+BC$

指数法則　正の整数 m, n について，次の公式が成り立つ．

$$a^m \times a^n = a^{m+n}, \quad (a^m)^n = a^{mn}, \quad (ab)^n = a^n b^n$$

展開公式

[I] (1) $(a+b)^2 = a^2+2ab+b^2$ (和の 2 乗)

(2) $(a-b)^2 = a^2-2ab+b^2$ (差の 2 乗)

(3) $(a+b)(a-b) = a^2-b^2$ (和と差の積)

(4) $(x+a)(x+b) = x^2+(a+b)x+ab$ (1 次式の積)

(5) $(ax+b)(cx+d) = acx^2+(ad+bc)x+bd$ (1 次式の積)

[II] (1) $(a+b)^3 = a^3+3a^2b+3ab^2+b^3$ (和の 3 乗)

(2) $(a-b)^3 = a^3-3a^2b+3ab^2-b^3$ (差の 3 乗)

(3) $(a+b)(a^2-ab+b^2) = a^3+b^3$

(4) $(a-b)(a^2+ab+b^2) = a^3-b^3$

因数分解公式

[I] (1) $a^2+2ab+b^2 = (a+b)^2$ (和の 2 乗)

(2) $a^2-2ab+b^2 = (a-b)^2$ (差の 2 乗)

(3) $a^2-b^2 = (a+b)(a-b)$ (和と差の積)

(4) $x^2+(a+b)x+ab = (x+a)(x+b)$ (2 次式)

(5) $acx^2+(ad+bc)x+bd = (ax+b)(cx+d)$ (2 次式)

[I] の (5) を用いて解く問題で a, b, c, d を見つける方法 $\cdots$ **たすき掛け**

a	╲╱	b	→	bc
c	╱╲	d	→	ad
ac		bd		$ad+bc$
2 次の係数		定数項		1 次の係数

[II] (1) $a^3+3a^2b+3ab^2+b^3=(a+b)^3$ (和の 3 乗)

(2) $a^3-3a^2b+3ab^2-b^3=(a-b)^3$ (差の 3 乗)

(3) $a^3+b^3=(a+b)(a^2-ab+b^2)$ (3 乗の和)

(4) $a^3-b^3=(a-b)(a^2+ab+b^2)$ (3 乗の差)

因数分解の方法

(1) 共通因数をくくり出す.

(2) 公式の利用

(3) 次数の 1 番低い文字について降べきの順に整理する.

(4) 適当に項を組み合わせる.

(5) 文字の置き換え ($X=x^2$) など

商と余りの関係 整式 A を整式 B (ただし $B\neq 0$) で割ったときの商を Q, 余りを R とすると次の関係式が成り立つ.

$$A=BQ+R \quad (\text{ただし } R \text{ の次数は } B \text{ の次数より小})$$

剰余の定理と因数定理

(1) **剰余の定理** 整式 $P(x)$ を 1 次式 $x-\alpha$ で割ったときの余り $=P(\alpha)$

(2) **因数定理** 整式 $P(x)$ が 1 次式 $x-\alpha$ で割り切れるならば, $P(\alpha)=0$
逆に, $P(\alpha)=0$ が成り立てば, $P(x)$ は $x-\alpha$ で割り切れる.

最大公約数・最小公倍数 2 つの整式 A, B の最大公約数を G とし, $A=GA'$, $B=GB'$ とおく. さらに最小公倍数を L とすると, 次が成り立つ.

(1) $L=GA'B'$

(2) $GL=AB$

A

1　次の式を計算して，降べきの順に整理せよ．　◀教問 1.1

(1)　$2(3x^3+2x^2-4x+1)-3(2+x+3x^2-4x^3)$

(2)　$3y^4-\{5-2(6y^2+2-y^3-2y^4)-4y^2\}$

2　$A=5x^2-2xy+y^2$, $B=x^2+3xy-4y^2$, $C=-5x^2+2xy$ とするとき，次の式を計算せよ．　◀教問 1.1

(1)　$A-B-C$　　(2)　$2(A+B)-3(B+C)$

3　次の式を展開して，降べきの順に整理せよ．　◀教問 1.2

(1)　$(x^2+7-2x)(x^2-4)$

(2)　$(4x+3y-1)(2x+y-2)$　（文字 x について降べきの順に）

4　次の式を展開せよ．　◀教問 1.3

(1)　$(a-b+c)^2$　　(2)　$(x^2-2x+3)^2$

(3)　$2ab\times(-5a^2b^3)^3$　　(4)　$(-2x^2)^4\times(4x^3)^2$

(5)　$(2x-3)(x^2-4x+2)$　　(6)　$(2x-y)(x^2-xy+y^2)$

5　次の式を因数分解せよ．　◀教問 1.4〜1.6

(1)　$z(x+y)-3x-3y$　　(2)　$(x-y)a^2+(y-x)b^2$

(3)　$(a^2-b^2+c^2)^2-4a^2c^2$　　(4)　$x^2+8x-48$

(5)　$25x^2+5x-6$　　(6)　$2x^3y+2xy^3-5x^2y^2$

(7)　$27x^3-8y^3$　　(8)　$a^2c-bc^2+a^2b-c^3$

6　次の割り算を行い，商と余りを求め，等式で表せ．　◀教問 1.7

(1)　$(2x^2-3x+1)\div(2x+1)$

(2)　$(9x^3-x)\div(3x+1)$

7　整式 $P(x)=2x^3+ax^2+x+b$ を x^2+2x-1 で割ったときの余りが $7x-5$ であるとき a と b の値を求めよ．　◀教問 1.7

8　整式 $P(x)$ を $2x^2-3x-1$ で割ったときの商が x^2+x+2 で，余りが $-x+3$ であるとき $P(x)$ を求めよ．　◀教問 1.7

9 次の問いに答えよ. 教問 1.7

(1) 整式 $P(x)$ を x^2+2x-1 で割ったときの商が $2x+3$ で，余りが $-2x+1$ であった．このとき $P(x)$ を求めよ．

(2) (1) の $P(x)$ を x^2-2x+1 で割ったときの商と余りを求めよ．

10 剰余の定理を用いて次の第 1 式を第 2 式で割ったときの余りを求めよ．

教問 1.8

(1) $2x^3+3x^2+4x+1,\ x-2$ (2) $5x^3+7x+2,\ x+1$

11 整式 $P(x)$ を $x+3$ で割ったときの余りが 5 で，$x-2$ で割ったときの余りが 10 である．$P(x)$ を $(x+3)(x-2)$ で割ったときの余りを $ax+b$ として，a, b を求めよ． 教問 1.8，商と余りの関係 1.8

12 整式 $x^{15}+ax+1$ が $x+1$ で割り切れるとき，a の値を求めよ．

教因数定理 1.10

13 因数定理を用いて次の整式を因数分解せよ． 教問 1.9

(1) x^3-7x-6 (2) $3x^3-11x^2+5x+3$ (3) x^4-2x^2-3x-2

14 次の整式の組の最大公約数・最小公倍数を求めよ． 教問 1.10

(1) $x^2-5x+6,\ x^2+2x-8$ (2) $3x^2+5x-2,\ 3x^2+2x-8$

(3) $x^3yz^2,\ x^4y^3z^3,\ x^2y^2z$ (4) $x^2-5x+4,\ x^2-2x+1,\ x^3-1$

B

例題 1.1 次の整式の x^2 の係数を求めよ．

$$(x^4+5x^3+3x^2+2x+3)(x^3+7x^2+4x+5)$$

解く前に 式を展開して整理する方法もあるが，x^2の項のみを計算する方法もある．

解 $(x^4+5x^3+3x^2+2x+3)(x^3+7x^2+4x+5)$

x^2 の項を計算すると $3x^2\cdot 5+2x\cdot 4x+3\cdot 7x^2=44x^2$

よって求める係数は 44 ■

例題 1.2　整式 x^4+1 を因数分解せよ．

解く前に　$A=x^2, B=1$ とおくと $x^4+1=A^2+B^2$ となるが，A^2+B^2 の因数分解ができない．そこで A, B をうまくとり直して，x^4+1 を A^2-B^2 の形に変形できるようにする．

解　$(x^2+1)^2=x^4+2x^2+1$ に注目．

$$
\begin{aligned}
x^4+1 &= x^4+2x^2+1-2x^2 \\
&= (x^2+1)^2-(\sqrt{2}\,x)^2 = A^2-B^2 \\
&\qquad \text{（ここで } A=x^2+1, B=\sqrt{2}\,x \text{ と定める）} \\
&= (A+B)(A-B) = (x^2+\sqrt{2}\,x+1)(x^2-\sqrt{2}\,x+1)
\end{aligned}
$$
■

例題 1.3　x についての 2 つの 2 次式 A, B の最大公約数が $x+1$，最小公倍数が $6x^3+11x^2+6x+1$ であるという．A, B を求めよ．

解　2 つの整式は，$x+1$ で割り切れることから，それぞれ

$$A=(x+1)A', \quad B=(x+1)B'$$

と表される．A, B の最小公倍数は $(x+1)A'B'$ となるので

$$(x+1)A'B' = 6x^3+11x^2+6x+1$$

$$A'B' = 6x^2+5x+1 = (2x+1)(3x+1)$$

A', B' はともに 1 次式だから

$$A'=2x+1, B'=3x+1 \quad \text{または} \quad A'=3x+1, B'=2x+1$$

したがって

$$A=(x+1)(3x+1), \quad B=(x+1)(2x+1)$$

または

$$A=(x+1)(2x+1), \quad B=(x+1)(3x+1)$$

となる．■

15 次の式を計算し，降べきの順に整理せよ．さらに式の次数と最高次の係数および定数項を求めよ．

$$2(2x-3x^2-1+x+4x^3)+3(3-5x+2x^2-3x^3-x^2)$$

16 多項式 $1+2a^2b+3ab^2+5a^3+6ab+b^2$ を指定された文字について降べきの順に整理せよ．さらに式の次数と最高次の係数および定数項を求めよ．

(1) a について　(2) b について

17 次の A, B の各式を括弧内の文字について降べきの順に整理せよ．その上で $A+B, A-B$ を求めよ．さらに $A-B$ の括弧内の文字についての次数，最高次の係数および定数項をそれぞれ求めよ．

(1) $A=5x^2y-y^3+2x^3+7yx^2+4y^3$
$B=6x^2y-5x^3+y^3+4x^3$　(x)

(2) $A=3a^2+5ab-2b^2-4ab+3b^2-a^2$
$B=2a^2-2ab+3b^2-3a^2-2b^2$　(a)

18 次の式を展開せよ．

$$(a+b-c)(a-b+c)$$

19 次の式を展開せよ．

(1) $(x-y+z)(x+y-z)+(x+y+z)(-x+y+z)$

(2) $(1+x)^2(1-x)^2(1+x^2)^2$

20 次の係数を求めよ．

(1) 整式 $(3x^3+5x^2+3x-1)(2x^2-x+1)$ を展開したときの x^4 の係数

(2) 整式 $(2x^3+3x^2y-xy^2+2y^3)(5x^3-4x^2y+xy^2-2y^3)$ を展開したときの x^4y^2 の係数

21 次の整式を因数分解せよ．

$$6x^2-xy-y^2+5x+1$$

22 次の式を因数分解をせよ．

(1) $20x^3-6x^2y-2xy^2$

(2) $5x^2-7xy-6y^2-12x+11y+7$

(3) $10x^2+xy-2y^2+17x-5y+3$

23　次の式を因数分解せよ．

(1)　x^4+9　　(2)　$9a^4+11a^2b^2+4b^4$

(3)　$x^4-x^2y^2+16y^4$

24　次を求めよ．

(1)　整式 $2x^3+7x^2+6x+11$ を整式 $B(x)$ で割ると，商が $x+3$ で余りが 2 であるという．$B(x)$ を求めよ．

(2)　整式 $3x^3+4x^2-12x$ を整式 $B(x)$ で割ると，商が $3x-2$ で余りが $x-6$ であるという．$B(x)$ を求めよ．

25　整式 $A(x)$ を x^2-1 で割ると，商 $2x^2+3x-2$ と余り $-2x+4$ であるという．$A(x)$ を x^2+1 で割るときの商と余りを求めよ．

26　次を求めよ．

(1)　整式 ax^3+x^2-x+b を x^2+2x-1 で割ると，余りが $7x-4$ であるという．a, b の値と商を求めよ．

(2)　整式 x^3+ax^2+5x+b を x^2+2x-1 で割ると，余りが $12x-5$ であるという．a, b の値と商を求めよ．

27　整式 ax^3+bx^2+2x+6 を $x-2$ で割ったときの余りは -2，$x-1$ で割ったときの余りと $x-3$ で割ったときの余りは等しいという．a, b の値を求めよ．

28　因数定理を用いて，整式 $x^4+x^3-4x^2+2x-12$ を因数分解せよ．

29　整式 ax^2+bx+4 を $x+1$ で割ると余りは 3 であり，$x-2$ で割ると余りは，$x-1$ で割ったときの余りの 2 倍になるという．a, b の値を求めよ．

30　因数定理を用いて，次の整式を因数分解せよ．

(1)　$2x^4-5x^3-5x^2+5x+3$　　(2)　$6x^4+x^3-24x^2-9x+10$

31　最大公約数が $x+1$，最小公倍数が x^3+2x^2-5x-6 であるような 2 つの 2 次式を求めよ．

32　最小公倍数が $18x^3+9x^2-2x-1$，積が $36x^4+36x^3+5x^2-4x-1$ であるような 2 つの 2 次式を求めよ．

1.2 いろいろな数と式

絶対値

$$|a| = \begin{cases} a & (a \geqq 0 \text{ のとき}) \\ -a & (a < 0 \text{ のとき}) \end{cases}$$

絶対値の性質 任意の実数 a, b について

(1) $|a| \geqq 0$ であり，$a = 0$ の場合のみ $|a| = 0$ となる．

(2) $|-a| = |a|$

(3) 数直線上で 2 点 a と b の距離は $|a-b|$ に等しい．

(4) $|ab| = |a|\,|b|$ (5) $\left|\dfrac{a}{b}\right| = \dfrac{|a|}{|b|}$ （ただし $b \neq 0$） (6) $|a|^2 = a^2$

根号 （$a \geqq 0$ の平方根と $\sqrt{a}$ との意味の違いに注意）$a \geqq 0, b \geqq 0$ について，

(1) $\sqrt{a} \geqq 0, (\sqrt{a})^2 = a$ (2) $\sqrt{a^2} = a$

(3) $\sqrt{a}\sqrt{b} = \sqrt{ab}$ (4) $\dfrac{\sqrt{a}}{\sqrt{b}} = \sqrt{\dfrac{a}{b}}$ （$b > 0$）

分数式の除法・乗法の計算

(1) $\dfrac{A}{B} \times \dfrac{C}{D} = \dfrac{AC}{BD}$ (2) $\dfrac{A}{B} \div \dfrac{C}{D} = \dfrac{A}{B} \times \dfrac{D}{C} = \dfrac{AD}{BC}$

繁分数式を簡単にする方法

(1) $\dfrac{A}{B}$ を割り算の形 $A \div B$ に直して計算する．

(2) 分子，分母に同じ式 D を掛けて $\dfrac{A}{B}$ を $\dfrac{AD}{BD}$ に直して計算する．

A

33 次の有理数を有限小数または循環小数で表せ．

◀教「整数・有理数」の項の「注意」

(1) $\dfrac{2}{7}$ (2) $\dfrac{29}{25}$ (3) $\dfrac{27}{370}$

34　次の条件を満たす実数 a, b を求めよ.　　教 問 **1.11**, 絶対値の性質 **1.11**

(1)　$|-2a^7| = 32|a|^5,\ a \neq 0$　　(2)　$|-a^2b^2| = 36,\ |ab^3| = 54$

(3)　$|a^2b| = 32,\ \dfrac{a^5b^3}{|a^3b^5|} = -4,\ a > 0,\ b < 0$

35　次の式を簡単にせよ.　　教 問 **1.12**

(1)　$\sqrt{72} - \sqrt{18}$　　(2)　$\sqrt{75} - 2\sqrt{12} - \sqrt{27}$

(3)　$\sqrt{45} - \sqrt{125} + \sqrt{5}$　　(4)　$\sqrt{12} - (\sqrt{3} + 1)^2$

36　次の式の分母を有理化せよ.　　教 問 **1.13**

(1)　$\dfrac{2}{\sqrt{5}-\sqrt{3}}$　　(2)　$\dfrac{3\sqrt{3}-\sqrt{2}}{\sqrt{3}+\sqrt{2}}$　　(3)　$\dfrac{\sqrt{3}-\sqrt{10}}{\sqrt{10}-2\sqrt{3}}$　　(4)　$\dfrac{2\sqrt{7}-5}{2\sqrt{7}+5}$

(5)　$\dfrac{2(1+\sqrt{2})}{\sqrt{3}} - \dfrac{\sqrt{3}(\sqrt{32}+2)}{3}$　　(6)　$\dfrac{\sqrt{12}}{4} + \dfrac{\sqrt{2}}{4\sqrt{3}} - \dfrac{1}{2\sqrt{6}} - \dfrac{\sqrt{48}}{6}$

37　次の式を既約分数式に直せ.　　教 問 **1.14**

(1)　$\dfrac{24x^2y^2z}{16xy^3z^2}$　　(2)　$\dfrac{(5a^2b^3)^4}{(5a^3b^2)^3}$　　(3)　$\dfrac{(9xy)^2}{(3xy^2)^2x^3y}$

(4)　$\dfrac{x^2 - 4x + 3}{x^2 - 3x + 2}$　　(5)　$\dfrac{x^2 + 2xa + a^2}{x^3 + a^3}$

38　次の式を計算せよ.　　教 問 **1.15, 1.16**

(1)　$\dfrac{x+1}{x+2} - \dfrac{x+2}{x+3}$　　(2)　$\dfrac{x}{x+y} + \dfrac{y}{x-y} + \dfrac{2xy}{x^2-y^2}$

(3)　$\dfrac{x-3}{x^2-1} - \dfrac{x-4}{x^2+x-2}$　　(4)　$\dfrac{1}{1-x} + \dfrac{1}{1+x} + \dfrac{2}{1+x^2} - \dfrac{4}{1+x^4}$

(5)　$\dfrac{3}{5}a^6b^8 \div \left(-\dfrac{3}{5}ab^2\right)^2$　　(6)　$\left(\dfrac{y^3}{3x^2}\right)^4 \div \left(\dfrac{-2y^5}{x^3}\right)^3 \times (-6xy^2)^5$

39　次の繁分数式を簡単にせよ.　　教 問 **1.17**

(1)　$\dfrac{x}{1 + \dfrac{1}{x-1}}$　　(2)　$\dfrac{\dfrac{1}{x^2} - \dfrac{1}{y^2}}{\dfrac{1}{x} + \dfrac{1}{y}}$　　(3)　$\dfrac{\dfrac{a+b}{a-b} + \dfrac{a-b}{a+b}}{\dfrac{a+b}{a-b} - \dfrac{a-b}{a+b}}$

B

例題 1.4　$\dfrac{1+\sqrt{2}+\sqrt{3}}{1-\sqrt{2}+\sqrt{3}}$ を有理化せよ．

解く前に　分母と分子に同じものを掛けて有理化する．式変形により分母のルートの個数を，2 個から 1 個に，1 個から 0 個にする．

解

$$与式=\frac{(1+\sqrt{2}+\sqrt{3})(1-\sqrt{2}-\sqrt{3})}{(1-\sqrt{2}+\sqrt{3})(1-\sqrt{2}-\sqrt{3})}=\frac{1-(\sqrt{2}+\sqrt{3})^2}{(1-\sqrt{2})^2-(\sqrt{3})^2}$$

$$=\frac{1-(2+2\sqrt{6}+3)}{1-2\sqrt{2}+2-3}=\frac{-4-2\sqrt{6}}{-2\sqrt{2}}=\frac{\cancel{-2}(2+\sqrt{6})}{\cancel{-2}\sqrt{2}}$$

$$=\frac{2+\sqrt{6}}{\sqrt{2}}=\frac{(2+\sqrt{6})\sqrt{2}}{(\sqrt{2})^2}=\frac{2\sqrt{2}+\sqrt{12}}{2}=\frac{2\sqrt{2}+2\sqrt{3}}{2}$$

$$=\frac{\cancel{2}(\sqrt{2}+\sqrt{3})}{\cancel{2}}=\sqrt{2}+\sqrt{3}$$

■

例題 1.5　次の分数式を簡単にせよ．

$$\frac{x-1}{x-1+\dfrac{x-2}{x-4+\dfrac{x}{x-1}}}$$

解く前に　まず分母内の繁分数式を簡単にしてから与えられた式の計算をする．

解

$$\frac{x-2}{x-4+\dfrac{x}{x-1}}=\frac{(x-2)(x-1)}{\left(x-4+\dfrac{x}{x-1}\right)(x-1)}$$

$$=\frac{(x-2)(x-1)}{(x-4)(x-1)+x}$$

$$=\frac{(x-2)(x-1)}{x^2-5x+4+x}=\frac{(x-2)(x-1)}{x^2-4x+4}$$

$$=\frac{\cancel{(x-2)}(x-1)}{(x-2)^{\cancel{2}\,1}}=\frac{x-1}{x-2}$$

$$\frac{x-1}{x-1+\dfrac{x-2}{x-4+\dfrac{x}{x-1}}}=\frac{x-1}{x-1+\dfrac{x-1}{x-2}}=\frac{(x-1)(x-2)}{\left(x-1+\dfrac{x-1}{x-2}\right)(x-2)}$$

$$=\frac{(x-1)(x-2)}{(x-1)(x-2)+x-1}=\frac{(x-1)(x-2)}{x^2-3x+2+x-1}$$

$$=\frac{(x-1)(x-2)}{x^2-2x+1}=\frac{\cancel{(x-1)}(x-2)}{(x-1)^{\cancel{2}1}}=\frac{x-2}{x-1}$$ ■

40　次の条件を満たす実数 x を求めよ．

(1)　$|x+3|=7$　(2)　$|x|=|3x+1|$　(3)　$|x-4|=3$

(4)　$|5x-7|=2$　(5)　$|2x+1|=|3x-1|$

41　次の式の分母を有理化せよ．

(1)　$\dfrac{1}{1-\sqrt{2}+\sqrt{3}}$　(2)　$\dfrac{\sqrt{6}}{\sqrt{2}+\sqrt{3}+\sqrt{5}}$

42　次の式の分母を有理化せよ．

(1)　$\dfrac{4\sqrt{3}}{\sqrt{6}+\sqrt{2}}-\dfrac{\sqrt{6}}{\sqrt{3}-\sqrt{2}}-\dfrac{3\sqrt{2}}{\sqrt{3}-\sqrt{6}}$

(2)　$\dfrac{1}{1+\sqrt{2}-\sqrt{5}}+\dfrac{1}{1+\sqrt{2}+\sqrt{5}}-\dfrac{2\sqrt{3}}{\sqrt{6}-\sqrt{3}}$

43　$\dfrac{3}{\sqrt{5}-2}$ の整数部分を a，小数部分を b とするとき，次の式の値を求めよ．

(1)　$a,\ b$　(2)　a^2+ab+b^2

44　次の分数式を計算せよ．

(1)　$\dfrac{1}{(x-1)x}+\dfrac{1}{x(x+1)}+\dfrac{1}{(x+1)(x+2)}$　(2)　$\dfrac{x^2-4}{x^2-x-6}\div\dfrac{2x^2-7x+6}{x^2-3x}$

45　次の繁分数式を簡単にせよ．

$$\frac{3}{1-\dfrac{1}{1-\dfrac{2}{x+2}}}$$

C 発展問題

46 次の式を因数分解せよ．

(1) $x(y-z)^3+y(z-x)^3+z(x-y)^3$

(2) $(a^2-b^2)^2-8(a^2+b^2)+16$

(3) $(x+y)(x+z)(y+z)+xyz$

(4) $(a+b+c)^3-a^3-b^3-c^3$

(5) $a^3+b^3+c^3-3abc$

47 整式 $x^7(x^2+ax+b)$ を $(x-1)^2$ で割ったときの余りが $x-2$ であるような a, b の値を求めよ．

48 整式 $f(x)$ を x^2+3x+2 で割ると余りが $2x+3$，x^2+4x+3 で割ると余りが $-x$ である．このとき $f(x)$ を x^2+5x+6 で割ったときの余りを求めよ．

49 次の式を簡単にせよ．ただし a, b は異なる正の数であるとする．

$$\frac{ab}{a\sqrt{b}-b\sqrt{a}}-\frac{\sqrt{ab}}{\sqrt{a}+\sqrt{b}}$$

50 次の分数式と繁分数式を計算せよ．

(1) $\dfrac{4x^3-6x^2+9x}{x^2-4x+4}\div\dfrac{8x^3+27}{2x^2-x-6}-\dfrac{x^2-4}{x^2-5x+6}$

(2) $1+\cfrac{x}{1-\cfrac{1}{1-\cfrac{x}{x-1}}}$

2 方程式・不等式・命題

2.1 2次方程式

2 次方程式の解の公式 $a \neq 0$, a, b, b', c は定数のとき，$ax^2 + bx + c = 0$ $(ax^2 + 2b'x + c = 0)$ の解は

$$x = \frac{-b \pm \sqrt{b^2 - 4ac}}{2a} \qquad \left(x = \frac{-b' \pm \sqrt{b'^2 - ac}}{a}\right)$$

複素数 $i = \sqrt{-1}$（i は虚数単位）とする．複素数 $a + bi$（a, b は実数）について，a を**実部**，b を**虚部**，$a - bi$ を**共役な複素数**といい，$\overline{a + bi}$ で表す．2 つの複素数を $a + bi, c + di$（a, b, c, d は実数）とする．

複素数の相等： $a + bi = c + di \iff a = c, b = d$

四則計算：
加法 $(a + bi) + (c + di) = (a + c) + (b + d)i$
減法 $(a + bi) - (c + di) = (a - c) + (b - d)i$
乗法 $(a + bi)(c + di) = (ac - bd) + (ad + bc)i$
除法 $\dfrac{a + bi}{c + di} = \dfrac{a + bi}{c + di} \times \dfrac{c - di}{c - di} = \dfrac{ac + bd}{c^2 + d^2} + \dfrac{bc - ad}{c^2 + d^2}i$

判別式 $ax^2 + bx + c = 0$（または $ax^2 + 2b'x + c = 0$）とその判別式 $D = b^2 - 4ac$ $\left(\text{または}\dfrac{D}{4} = b'^2 - ac\right)$ について

$D > 0 \iff$ 異なる 2 つの実数解をもつ．
$D = 0 \iff$ 重解をもつ．
$D < 0 \iff$ 異なる 2 つの虚数解をもつ（実数解をもたない）．

解と係数の関係 2 次方程式 $ax^2 + bx + c = 0$（$a \neq 0$）の 2 つの解を α, β とすると，次の関係が成り立つ．

$$\alpha + \beta = -\frac{b}{a}, \quad \alpha\beta = \frac{c}{a}$$

因数分解　2次方程式 $ax^2+bx+c=0$ の2つの解を α, β とするとき

$$ax^2+bx+c=a(x-\alpha)(x-\beta)$$

A

1　次の2次方程式を解け.　教問 2.1, 2.7

(1)　$x^2-3x+2=0$　　(2)　$2x^2-x-1=0$

(3)　$9x^2-1=0$　　(4)　$3x^2-7x+2=0$

(5)　$x^2+5=0$　　(6)　$x^2+2x+3=0$

(7)　$2x^2-x+2=0$　　(8)　$x^2+4x-3=0$

(9)　$x^2-6x+4=0$　　(10)　$3x^2-2x+1=0$

(11)　$6x^2-\sqrt{2}x-\dfrac{1}{3}=0$

2　次の複素数の実部，虚部，共役な複素数を答えよ.　教問 2.2

(1)　$\dfrac{2+i}{3}$　　(2)　$-10i$　　(3)　$\sqrt{3}-\dfrac{\sqrt{2}}{2}i$

3　次の等式を満たす実数 a, b の値を求めよ.　教問 2.3

(1)　$(4a+2)+(a+b)i=6-2i$　　(2)　$2a+3i-6b-5ai=2-7i$

4　次の式を計算せよ.　教問 2.4

(1)　$(4+3i)+(7-2i)$　　(2)　$(5+2i)(1-3i)$　　(3)　$(i^2+i-1)^2$

(4)　$(i+3)^3$　　(5)　$\dfrac{4+2i}{1-3i}$　　(6)　$\dfrac{1}{3i}-i^2+i^3-i^4$

5　次の複素数の絶対値を求めよ.　教問 2.5

(1)　$12+5i$　　(2)　$-4-2i$　　(3)　$-3+4i$

6　次の2点間の距離を求めよ.　教問 2.6

(1)　P(2), Q$(4-6i)$　　(2)　R$(7+5i)$, S$(5i)$

7　次の2次方程式の解の種類を判別せよ.　教例題 2.6

(1)　$\dfrac{1}{2}x^2-5x+7=0$　　(2)　$2x^2-4x+9=0$

(3)　$2x^2-2\sqrt{2}x+1=0$

8　次の 2 次方程式が重解をもつとき，定数 m の値を求めよ．また，そのときの重解を求めよ．　◀教例題 **2.6**，問 **2.8**

(1)　$x^2 - 5x - m + 3 = 0$　　(2)　$mx^2 + 4x + m - 3 = 0$

9　2 次方程式 $x^2 + 4x - 3 = 0$ の 2 つの解を α, β とするとき，次の値を求めよ．　◀教問 **2.9**

(1)　$\dfrac{1}{\alpha} + \dfrac{1}{\beta}$　　(2)　$\alpha^2 + \beta^2$　　(3)　$(\alpha - \beta)^2$　　(4)　$\alpha^3 + \beta^3$

10　次の 2 数を解にもつ 2 次方程式を作れ．　◀教問 **2.10**

(1)　$-1, 5$　　(2)　$2 + i, 2 - i$　　(3)　$\dfrac{1 - \sqrt{3}}{2}, \dfrac{1 + \sqrt{3}}{2}$

11　和と積が次であるような 2 数を求めよ．　◀教問 **2.10**

(1)　和 4，積 -21　　(2)　和 $\sqrt{7}$，積 0　　(3)　和 0，積 9

12　次の 2 次式を複素数の範囲で因数分解せよ．　◀教問 **2.11**

(1)　$x^2 - x - 4$　　(2)　$2x^2 + 3x + 2$

(3)　$6x^2 - 2x - 1$　　(4)　$20x^2 + 7x - 6$

13　次の連立方程式を解け．　◀教問 **2.12**

(1)　$\begin{cases} x - y - 2z = 3 \\ 2x + y + z = 5 \\ x + 2y + z = 6 \end{cases}$

(2)　$\begin{cases} x + y = 1 \\ xy = -2 \end{cases}$

(3)　$\begin{cases} x^2 + \dfrac{y^2}{2} = 1 \\ -x + y = 1 \end{cases}$

14　次の方程式を解け．　◀教問 **2.13**

(1)　$\dfrac{3}{x - 1} + \dfrac{1}{x + 3} = 2$　　(2)　$\dfrac{x}{2x - 1} - \dfrac{3}{x + 1} = \dfrac{9}{(2x - 1)(x + 1)}$

(3)　$2x - 4 = \sqrt{x + 1}$　　(4)　$x + 4 = \sqrt{2 - x}$

B

例題 2.1　次の方程式を解け．ただし，k は定数とする．

$$kx^2 - (3k+1)x + 3 = 0$$

解　左辺を因数分解すると $(kx-1)(x-3)=0$

(i)　$k=0$ のとき $-x+3=0$．よって $x=3$

(ii)　$k \neq 0$ のとき $x=\dfrac{1}{k},\ x=3$

$$\therefore\quad k=0 \text{ のとき } x=3,\ k\neq 0 \text{ のとき } x=\frac{1}{k},\ x=3$$ ■

15　次の方程式を解け．ただし，k は定数とする．

(1)　$kx^2+(k-4)x-4=0$　　(2)　$\{(k+2)x+5\}(3x-1)=0$

16　2 次方程式 $x^2+2x+3=0$ の 2 つの解を α, β とするとき，次の 2 数を解にもつ 2 次方程式を作れ．

(1)　$\alpha-1, \beta-1$　　(2)　$\dfrac{1}{\alpha}, \dfrac{1}{\beta}$

17　3 次方程式 $x^3+2x^2-x+1=0$ の 3 つの解を α, β, γ とするとき，次の値を求めよ．

(1)　$\alpha^2+\beta^2+\gamma^2$　　(2)　$\alpha^3+\beta^3+\gamma^3$

解く前に　3 次方程式 $ax^3+bx^2+cx+d=0$ の**解と係数の関係**は，3 つの解を α, β, γ とすると，$\alpha+\beta+\gamma=-\dfrac{b}{a},\ \alpha\beta+\beta\gamma+\gamma\alpha=\dfrac{c}{a},\ \alpha\beta\gamma=-\dfrac{d}{a}$ である．

18　次の連立方程式を解け．

$$\begin{cases} -2x+py=-1 \\ (p-1)x-y=p \end{cases} \quad (p \text{ は定数})$$

19　次の 3 次方程式の 2 つの解が $1\pm 2i$ のとき，他の解と定数 a, b の値を求めよ．

$$x^3-3x^2+2ax-b+4=0$$

2.2 不 等 式

2次不等式

$a>0$ のとき，$ax^2+bx+c=0$ の異なる実数解を $\alpha,\ \beta\ (\alpha<\beta)$ とすると

(1) $ax^2+bx+c=a(x-\alpha)(x-\beta)>0 \iff x<\alpha,\ \beta<x$

(2) $ax^2+bx+c=a(x-\alpha)(x-\beta)<0 \iff \alpha<x<\beta$

恒等式 $ax^2+bx+c=a'x^2+b'x+c'$ が x についての恒等式

$\iff a=a',\ b=b',\ c=c'$

実数の性質 $(\text{実数})^2 \geqq 0,\ (0\text{ 以外の実数})^2>0$

部分分数分解 $A,\ B,\ C$ は定数のとき，分母の形により次のように表せる．

(1) 1次式の積（$a,\ b,\ c$ は相異なる）

$$\frac{px^2+qx+r}{(x-a)(x-b)(x-c)}=\frac{A}{x-a}+\frac{B}{x-b}+\frac{C}{x-c}$$

(2) 1次式と2次式（判別式が0）の積

$$\frac{px^2+qx+r}{(x-a)^2(x-b)}=\frac{A}{(x-a)^2}+\frac{B}{x-a}+\frac{C}{x-b}$$

(3) 1次式と2次式（判別式が負）の積

$$\frac{px^2+qx+r}{(x-a)(x^2+bx+c)}=\frac{A}{x-a}+\frac{Bx+C}{x^2+bx+c}$$

A

20 次の方程式を解け． ◀教問 2.17

(1) $|x|=11$ (2) $|-x|=\sqrt{6}$

(3) $|x+1|=4$ (4) $|1-2x|=8$

21 次の不等式と連立不等式を解け． ◀教問 2.14, 2.15, 2.17

(1) $4x+2>3+5x$ (2) $\dfrac{2x+3}{5}\leqq\dfrac{x-2}{3}$ (3) $\begin{cases} x-3>-1 \\ x+4>3x-5 \end{cases}$

(4) $|x+4|\leqq 5$ (5) $|2x+1|>7$

22 次の2次不等式を解け．　◀教問 2.16，例題 2.16

(1) $x^2+x-12>0$　(2) $x^2+x-2<0$　(3) $2x^2-x\geqq 0$

(4) $2x^2+x-6\leqq 0$　(5) $(x-5)^2\geqq 0$　(6) $(x+4)^2>0$

(7) $(2x-1)^2\leqq 0$　(8) $(x+7)^2<0$　(9) $x^2-2x+4>0$

(10) $-x^2+4x-6>0$

23 次の問いに答えよ．　◀教演習問題 A の 2

(1) 2次方程式 $mx^2+2mx+1-3m=0$ が実数解をもつとき，m の値の範囲を求めよ．

(2) 2次方程式 $x^2-mx+m+3=0$ が虚数解をもつとき，m の値の範囲を求めよ．

解く前に 2次方程式について，次が成り立つ．

$$\text{実数解をもつ} \iff \text{判別式 } D\geqq 0$$

$$\text{虚数解をもつ} \iff \text{判別式 } D<0$$

24 次の等式が x についての恒等式になるように，定数 a, b, c の値を定めよ．　◀教問 2.19

(1) $x-4=(a-b)x-3a$

(2) $\dfrac{3x+3}{(x+2)(x-1)}=\dfrac{a}{x+2}+\dfrac{b}{x-1}$

(3) $x^2+2x+1=a(x-1)^2+b(x-1)+c$

(4) $2x^3-8x^2+5x+13=a(x+2)^3-(3-b)x^2-cx-a+c-20$

25 次の方程式と不等式を解け．　◀教問 2.20，2.21

(1) $x^3-3x^2-4x+12=0$　(2) $3x^3+x^2-3x-1=0$

(3) $x^3+8=0$　(4) $x^4-16=0$

(5) $x^4-7x^2-18=0$　(6) $x^4+2x^2-8=0$

(7) $2x^3-5x^2-11x-4>0$　(8) $x^3-64\leqq 0$

B

例題 2.2 次の不等式を解け.

$$\frac{x}{x+2} > x - 1$$

解 両辺に $(x+2)^2 > 0$ を掛ける.　　←不等号の向きを気にしないですむように2乗（= 正数）を掛ける

$$x(x+2) > (x-1)(x+2)^2$$

$$\iff (x+2)\{(x-1)(x+2) - x\} < 0$$

$$\iff (x+2)(x^2-2) < 0$$

$$\iff (x+2)(x+\sqrt{2})(x-\sqrt{2}) < 0$$

よって $x < -2,\ -\sqrt{2} < x < \sqrt{2}$ ■

26 次の不等式を解け.

(1) $\dfrac{x}{x+4} > 2$　　(2) $\dfrac{x+2}{x-1} < 2x$

(3) $-\dfrac{3}{2x+1} > 5$　　(4) $\dfrac{2x}{x-5} > -x$

27 m は定数とする. 次の 2 次方程式の解の種類を判別せよ.

(1) $x^2 + 3x + m - 1 = 0$　　(2) $2x^2 - (m+1)x + 2 = 0$

(3) $5x^2 - 2x - m + 3 = 0$

28 次の 4 次方程式を解け.

(1) $x^4+4=0$　　(2) $x^4+4x^2+16=0$

(3) $(x^2+2x)^2-9(x^2+2x)+8=0$　　(4) $(x+1)(x-1)(x-2)(x-4)=40$

29 4 次方程式 $x^4 - x^3 + 2x^2 + ax + b = 0$ が -1 と 3 を解にもつとき, 残りの解と定数 a, b の値を求めよ.

30 2 次不等式 $px^2 - 4x + q > 0$ の解が $-5 < x < 3$ となるように定数 p, q の値を求めよ.

31 次の等式が x についての恒等式となるように, 定数 a, b, c の値を定めよ.

(1) $\dfrac{-5x+17}{(x-3)^2} = \dfrac{a}{(x-3)^2} + \dfrac{b}{x-3}$　　(2) $\dfrac{x^2-4}{x(x^2+4)} = \dfrac{a}{x} + \dfrac{bx+c}{x^2+4}$

2.3 集合と命題

U を全体集合，A, B をその部分集合とするとき，

$$A \cap \overline{A} = \emptyset, \quad A \cup \overline{A} = U, \quad \overline{\overline{A}} = A \quad (\overline{A} \text{ は } \overline{A} \text{ の補集合})$$

$$A \subset B \text{ ならば } \overline{A} \supset \overline{B}$$

ド・モルガンの法則

(1) $\overline{A \cap B} = \overline{A} \cup \overline{B}$ 　　(2) $\overline{A \cup B} = \overline{A} \cap \overline{B}$

有限集合 A, B の要素の個数について

$$n(A \cup B) = n(A) + n(B) - n(A \cap B)$$

$$n(\overline{A}) = n(U) - n(A) \quad (U \text{ は全体集合})$$

命　題　命題が正しいとき　　　…その命題は**真**《しん》であるという．

命題が正しくないとき…その命題は**偽**《ぎ》であるという．

条件 p について，p ではないという条件を，p の**否定**といい，$\overline{p}$ で表す．

$$\overline{p \text{ かつ } q} \iff \overline{p} \text{ または } \overline{q}, \quad \overline{p \text{ または } q} \iff \overline{p} \text{ かつ } \overline{q}$$

命題「$p \Longrightarrow q$」について

命題の**逆**「$q \Longrightarrow p$」，　命題の**裏**「$\overline{p} \Longrightarrow \overline{q}$」，　命題の**対偶**《たいぐう》「$\overline{q} \Longrightarrow \overline{p}$」

命題「$p \Longrightarrow q$」が真のとき，q は p であるための**必要条件**であるといい，p は q であるための**十分条件**であるという．両方が成り立つとき「$p \Longleftrightarrow q$」とかき，q は p（p は q）であるための**必要十分条件**（p と q は**同値**《どうち》）であるという．

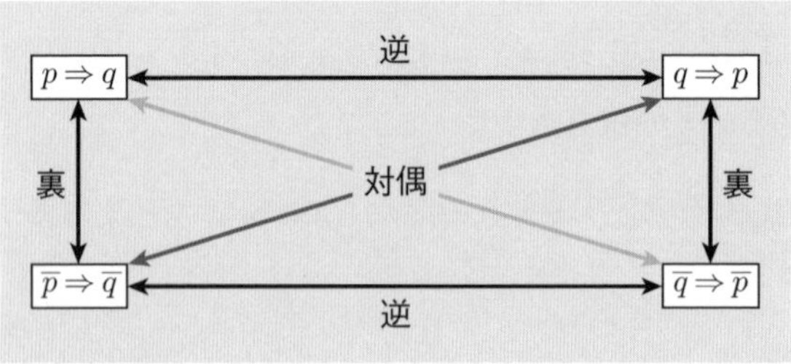

「もとの命題と対偶」，「逆と裏」の真偽は一致する．

背理法　数学上のある事柄を証明するために，「その事柄が成り立たないと仮定すれば矛盾が起きる」ことを示す方法．

A

32 次の集合の部分集合をすべて答えよ．　◀教例 2.9

(1)　$\{a\}$　　(2)　$\{a, b\}$

33 全体集合 U が 1 から 15 までの自然数，$A = \{1, 3, 5, 7, 9, 11, 13, 15\}$，$B = \{3, 6, 9, 12, 15\}$ とする．このとき，次の集合を求めよ．　◀教問 2.23

(1)　$\overline{A} \cup \overline{B}$　　(2)　$\overline{A} \cap \overline{B}$　　(3)　$\overline{A} \cap B$　　(4)　$\overline{A} \cup B$

34 次の集合の補集合を求めよ．ただし，全体集合は実数全体とする．　◀教例 2.11，問 2.23

(1)　$A = \{a \mid a < -5$ または $a > 9\}$　　(2)　$B = \{b \mid 3 \leqq b \leqq 10\}$

35 集合 $A = \{x \mid -7 < x < 4\}$, $B = \{x \mid 2 \leqq x \leqq 8\}$ について，次の集合を求めよ．ただし，全体集合は実数全体とする．　◀教例 2.11，問 2.23

(1)　$\overline{A \cap B}$　　(2)　$\overline{A \cup B}$

36 全体集合 U が 51 から 100 までの自然数，4 の倍数の集合を A，7 の倍数の集合を B とするとき，次の個数を求めよ．　◀教問 2.24

(1)　$n(A)$　　(2)　$n\left(\overline{A}\right)$　　(3)　$n(A \cap B)$

(4)　$n(A \cup B)$　　(5)　$n(\overline{A} \cup \overline{B})$　　(6)　$n(\overline{A} \cap \overline{B})$

37 次の条件の否定を述べよ．ただし m は自然数，a, b は実数，x, y は複素数とする．　◀教問 2.25

(1)　$-2 \leqq a \leqq 3$　　(2)　m は 5 または 7 の倍数

(3)　a, b の少なくとも一方は 0　　(4)　x, y はともに虚数

38 次の命題の逆, 裏, 対偶を述べよ．ただし x, y は実数とする．　◀教問 2.26

(1)　$-4 \leqq y \leqq 4 \implies y \leqq 4$　　(2)　$x > 0 \implies x^2 > 0$

39 次の命題とその逆，裏，対偶の真偽を判断し，偽である場合は反例をあげよ．ただし，x, y は実数とする．　◀教問 2.26

(1)　x, y が実数 $\implies$ xy が実数　　(2)　$x^2 < 9 \implies x < 3$

(3)　$x^2 = y^2 \implies |x| = |y|$　　(4)　$x^2 \geqq -3x \implies x \geqq 0$

40　次の□に当てはまるものを,「必要条件，十分条件，必要十分条件，必要でも十分でもない条件」から選んで答えよ．ただし，x, y は実数．

教問 2.27

(1)　△ABC について，2 角が等しいことは，正三角形であるための□である．

(2)　$x = y = 2$ は，$x + y = 4$ であるための□である．

(3)　$|x| < 1$ は，$-1 < x < 1$ であるための□である．

(4)　$xy < 0$ は，$x < 0$ であるための□である．

B

例題 2.3　3 つの有限集合 A, B, C について，次が成り立つことを確かめよ．ただし集合 P の要素の個数を $n(P)$ で表す．

$$n(A \cup B \cup C) = n(A) + n(B) + n(C) - n(A \cap B) - n(B \cap C) - n(C \cap A) + n(A \cap B \cap C)$$

解　図のようにそれぞれの集合の要素の個数を表すと

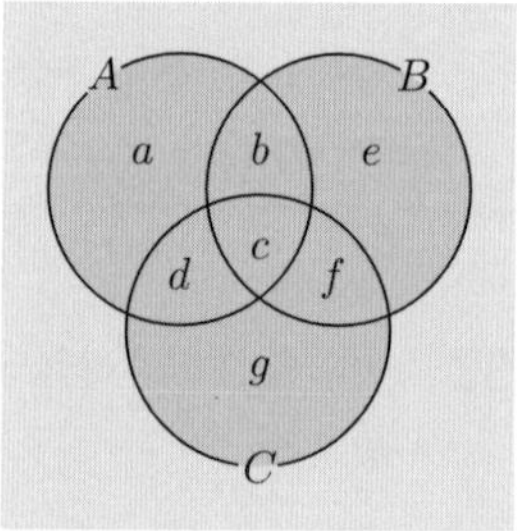

$$(\text{左辺}) = n(A \cup B \cup C) = a + b + c + d + e + f + g$$

と表せる．また

$n(A) = a + b + c + d$,　$n(B) = b + c + e + f$,

$n(C) = c + d + f + g$,　$n(A \cap B) = b + c$,

$n(B \cap C) = c + f$,　$n(C \cap A) = c + d$,

$n(A \cap B \cap C) = c$

である．よって

$$\begin{aligned}(\text{右辺}) &= n(A) + n(B) + n(C) \\ &\quad - n(A \cap B) - n(B \cap C) - n(C \cap A) + n(A \cap B \cap C) \\ &= (a + b + c + d) + (b + c + e + f) + (c + d + f + g) \\ &\quad - (b + c) - (c + f) - (c + d) + c \\ &= a + b + c + d + e + f + g\end{aligned}$$

したがって (左辺) = (右辺) が成り立つ．■

41 全体集合 U が 1 から 20 までの自然数，集合 $A=\{1,2,4,8,16,20\}$，$B=\{2,3,5,8,12,17\}$，$C=\{1,2,3,5,6,10,15\}$ とするとき，次の集合を求めよ．

(1) $A\cap B$ (2) $A\cap C$ (3) $B\cap C$
(4) $A\cup B$ (5) $A\cap(B\cup C)$ (6) $B\cup(A\cap C)$
(7) $B\cup(\overline{A}\cap\overline{C})$ (8) $A\cap B\cap C$ (9) $A\cup B\cup C$

解く前に 3 つの集合 A, B, C について一般に次の分配法則が成り立つ．
$A\cup(B\cap C)=(A\cup B)\cap(A\cup C)$
$A\cap(B\cup C)=(A\cap B)\cup(A\cap C)$

42 全体集合 U が 1 から 200 までの自然数，3 の倍数の集合を A，4 の倍数の集合を B，5 の倍数の集合を C とするとき，次の個数を求めよ．

(1) $n(A\cap B)$ (2) $n(B\cap C)$ (3) $n(A\cup B)$
(4) $n(B\cup C)$ (5) $n(C\cup A)$ (6) $n(A\cap B\cap C)$
(7) $n(A\cup(B\cap C))$ (8) $n(A\cup B\cup C)$

43 次の命題を，対偶を用いて証明せよ．

(1) n は整数とする．n^2 が偶数ならば，n は偶数である．
(2) x, y は実数とする．$xy\neq 0$ ならば，$x\neq 0$ かつ $y\neq 0$

44 実数 a, b が $a+b>2$ を満たすなら，$a>1$ または $b>1$ が成り立つことを背理法で示せ．

45 a, b が有理数で $a+b\sqrt{3}=0$ ならば $a=0$, $b=0$ であることを示せ．ただし $\sqrt{3}$ は無理数であることを用いても構わない．

46 $\sqrt{m}$ が無理数であるような自然数 m について，$a+b\sqrt{m}=0$ を満たす有理数 a, b は $a=0$, $b=0$ 以外にないことを示せ．

2.4 等式・不等式の証明

等式の証明

① 左辺（または右辺）の式を変形し，右辺（または左辺）の式を導く．

② 左辺および右辺の式を変形し，同じ式を導く．

③ (左辺) − (右辺) = 0 になることを導く．

不等式の証明

$$\text{(左辺)} \geqq \text{(右辺)}\ \text{を示したい．}$$

$$\Longrightarrow\quad \text{(左辺)} - \text{(右辺)} \geqq 0\ \text{になることを導く．}$$

相加相乗平均の関係　$a \geqq 0,\ b \geqq 0$ のとき $\dfrac{a+b}{2} \geqq \sqrt{ab}$ が成り立つ．

（ただし等号が成り立つのは $a = b$ のとき，かつそのときに限る）

A

47 次の等式を証明せよ．　◀教問 2.28

(1) $(x+y)(x^2+y^2)+(x-y)(x^2-y^2)=2x^3+2y^3$

(2) $a^2+b^2=1,\ b \neq 0$ のとき $\dfrac{1}{1-a}+\dfrac{1}{1+a}=\dfrac{2}{b^2}$

48 次の不等式を証明せよ．　◀教問 2.29, 2.30

(1) $a > b > 0$ のとき $\dfrac{1}{b} > \dfrac{1}{a}$

(2) $x > 0,\ y > 0,\ x + y = 10$ のとき $\sqrt{xy} \leqq 5$

B

例題 2.4　次の不等式を証明せよ．

$$x > 0,\ y > 0\ \text{のとき}\quad \sqrt{x}+\sqrt{y} > \sqrt{x+y}$$

証明　(左辺) > 0, (右辺) > 0 より

$$\text{(左辺)} > \text{(右辺)} \iff \text{(左辺)}^2 > \text{(右辺)}^2$$

だから $\text{(左辺)}^2 - \text{(右辺)}^2 > 0$ を示す．

$$(\text{左辺})^2 - (\text{右辺})^2 = (\sqrt{x} + \sqrt{y})^2 - (\sqrt{x+y})^2$$
$$= x + 2\sqrt{xy} + y - (x + y)$$
$$= 2\sqrt{xy} > 0 \qquad \longleftarrow x > 0,\ y > 0 \Longrightarrow xy > 0 \text{ だから}$$

したがって $(\text{左辺})^2 > (\text{右辺})^2$ ■

---

49 次の不等式を証明せよ．

(1) $|x| - |y| \leqq |x + y|$

(2) $|x + y + z| \leqq |x| + |y| + |z|$

C 発展問題

50 2 次方程式 $x^2 - 4(m-1)x + 6m + 3 = 0$ の解の比が 1：3 のとき，定数 m の値とそのときの解を求めよ．

51 次の連立方程式を満たす解 (x, y) が，ただ 1 組の実数解となるように p の値を定め，そのときの解を求めよ．ただし $p > 0$ とする．

$$\begin{cases} x + y = p \\ x^2 + y^2 = 4 \end{cases}$$

52 次の x についての恒等式が成立するように，定数 A, B, C を定めよ．

(1) $\dfrac{1}{x^3 + 1} = \dfrac{A}{x + 1} + \dfrac{Bx + C}{x^2 - x + 1}$ （鹿児島大学）

(2) $\dfrac{4x^2 - 3x + 3}{(x-1)^2(x+2)} = \dfrac{A}{(x-1)^2} + \dfrac{B}{x - 1} + \dfrac{C}{x + 2}$

53 次の方程式と不等式を解け．

(1) $x^2 + |x - 2| = 4$ (2) $|x^2 + x - 6| \leqq x + 1$

54 $z = 2 + \sqrt{3}\,i$ のとき，$z^4 - 4z^3 + 7z^2$ の値を求めよ．

55 $z^3 = i$ となる複素数 z を求めよ．

3 関数とグラフ

3.1 1次関数

関 数 数 x に数 y をただ1つ対応させる規則が定まっているとき，その対応の規則を**関数**とよび $y = f(x)$ などと表す．x を**独立変数**，y を**従属変数**という．

1次関数 $y = ax + b$ $(a \neq 0)$ のグラフは傾き a，y 切片 b の直線．

平行移動・対称移動・回転・拡大縮小

操作（移動）方法	もとの式に代入
① x 軸方向に p 平行移動	$x \longrightarrow x - p$ $y \longrightarrow y$
② y 軸方向に q 平行移動	$x \longrightarrow x$ $y \longrightarrow y - q$
③ x 軸に関する対称移動	$x \longrightarrow x$ $y \longrightarrow -y$
④ y 軸に関する対称移動	$x \longrightarrow -x$ $y \longrightarrow y$
⑤ 原点に関する対称移動	$x \longrightarrow -x$ $y \longrightarrow -y$
⑥ 直線 $y = x$ に関する対称移動	$x \longrightarrow y$ $y \longrightarrow x$
⑦ 原点のまわりでの 反時計回りの 90° 回転	$x \longrightarrow y$ $y \longrightarrow -x$
⑧ x 軸方向に c 倍（$c \neq 0$）	$x \longrightarrow \dfrac{1}{c}x$ $y \longrightarrow y$
⑨ y 軸方向に d 倍（$d \neq 0$）	$x \longrightarrow x$ $y \longrightarrow \dfrac{1}{d}y$

定義域と値域

- **定義域**とは独立変数 x のとり得る値の範囲.
- **値域**とは従属変数 y のとり得る値の範囲.

合成関数　関数 g の値域が関数 f の定義域に含まれるとき,
関数 g と関数 f の合成 $f \circ g$ を $f \circ g(x) = f(g(x))$ と定義する.

逆関数　関数 $y = f(x)$ の定義域を A, 値域を B とするとき, B のそれぞれの値 y について, $y = f(x)$ を満たす値 x が A の中でただ 1 つ定まるとする.

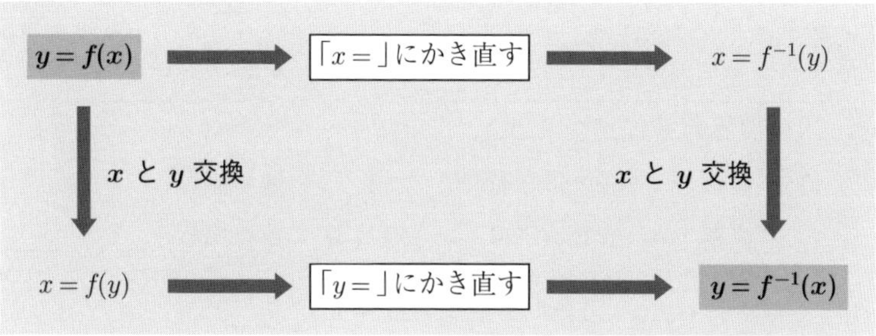

上の操作でえられた関数 $y = f^{-1}(x)$ を関数 $y = f(x)$ の**逆関数**とよぶ.

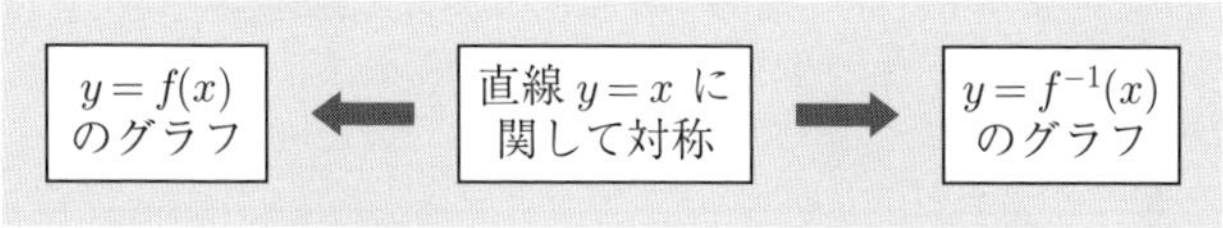

A

1　次の (1)〜(9) の操作を直線 $y = x - 1$ に施したとき, それぞれの場合について操作後の直線の方程式を求めグラフをかけ.　◀教問 3.6

(1)　x 軸方向に 3 だけ平行移動　(2)　y 軸方向に 2 だけ平行移動
(3)　x 軸方向に -3 だけ平行移動　(4)　y 軸方向に -2 だけ平行移動
(5)　x 軸に関する対称移動　(6)　y 軸に関する対称移動
(7)　原点に関する対称移動　(8)　直線 $y = x$ に関する対称移動
(9)　原点のまわりに関する反時計回りの 90° 回転
(10)　x 軸方向に 3 倍　(11)　y 軸方向に 2 倍

2　独立変数を x，従属変数を y とする次の 1 次関数について，(　) 内の定義域における最大値・最小値および値域を求めよ．　教問 3.8

(1)　$y = \dfrac{1}{2}x - 1$　$(0 \leqq x \leqq 2)$　　(2)　$\dfrac{x}{2} + \dfrac{y}{3} = 1$　$(0 \leqq x < 2)$

(3)　$x + y = 1$　$(1 < x \leqq 2)$　　(4)　$y = \dfrac{1}{3}x$　$(3 < x < 6)$

3　次の 1 次関数の逆関数を求めグラフをかけ．　教問 3.9

(1)　$y = 3x + 5$　　(2)　$y = \dfrac{1}{3}x - 1$　　(3)　$y = \dfrac{3x+1}{2}$

B

例題 3.1　次の直線の方程式を求めよ．

(1)　直線 $y = -2x$ に平行で，点 $(1, 2)$ を通る直線．

(2)　直線 $y = -2x$ に垂直で，点 $(1, 2)$ を通る直線．

解　(1)　$y - 2 = -2(x - 1)$ より $y = -2x + 4$

(2)　直線 $y = -2x$ を原点のまわりに，反時計回りに 90° 回転すると，$-x = -2y$ より $y = \dfrac{1}{2}x$．さらに，点 $(1, 2)$ を通るように平行移動して，$y - 2 = \dfrac{1}{2}(x - 1)$ より $y = \dfrac{1}{2}x + \dfrac{3}{2}$

例題 3.2　次の連立方程式が無数に解をもつように定数 a の値を定めよ．

$$\begin{cases} 2x - y = 0 \\ ax + y = 0 \end{cases}$$

解　連立方程式は，直線 $2x - y = 0$ すなわち $y = 2x$ と直線 $ax + y = 0$ すなわち $y = -ax$ との交点である．無数に解をもつためには，この 2 直線が一致すればよいから，$a = -2$

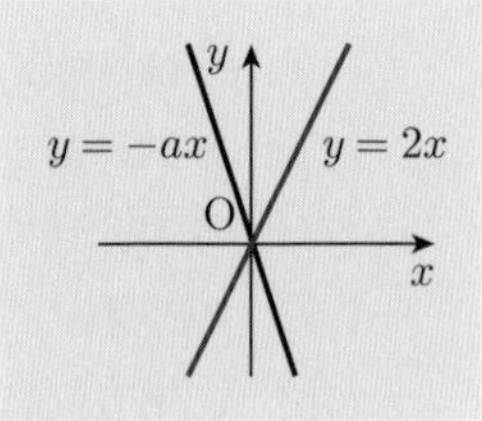

例題 3.3　次の連立方程式が解をもたないように定数 a の値を定めよ．

$$\begin{cases} 2x - y = 1 \\ ax + y = 2 \end{cases}$$

解　連立方程式の解は，y 切片が -1 で傾きが 2 の直線 $2x - y = 1$ と，y 切片が 2 で傾きが $-a$ の直線 $ax + y = 0$ との交点である．したがって解をもたない，すなわち交点がないためには平行であればよい．よって $a = -2$

4　次の直線の方程式を求めよ．

(1)　傾きが 3 で点 $(-1, 1)$ を通る．　(2)　傾きが $\dfrac{3}{2}$ で点 $(2, 3)$ を通る．

(3)　直線 $x + y = 2$ に平行で原点を通る．

(4)　直線 $y = \dfrac{2}{3}x$ に垂直で原点を通る．

5　次の問いに答えよ．

(1)　直線 $ax + by = p$ と直線 $cx + dy = q$ が平行となるための必要十分条件は $ad - bc = 0$ であることを，次の場合にわけて証明せよ．

(ア)　$b = 0$ の場合

(イ)　$b \neq 0$ の場合

(2)　(1) の結果を利用して，直線 $ax + (a + 2)y = 3$ と直線 $x + ay = 5$ が平行となるときの定数 a の値を定めよ．

6　次の問いに答えよ．

(1)　直線 $ax + by = p$ と直線 $cx + dy = q$ が垂直となるための必要十分条件は $ac + bd = 0$ であることを，次の場合にわけて証明せよ．

(ア)　$b = 0$ の場合

(イ)　$b \neq 0$ の場合

(2)　(1) の結果を利用して，直線 $ax + (a + 2)y = 3$ と直線 $x + ay = 5$ が垂直となるときの定数 a の値を定めよ．

7　連立方程式が $x = 0$, $y = 0$ 以外に解をもつように定数 a の値を定めよ．

(1)　$\begin{cases} 2x + ay = 0 \\ ax + 2y = 0 \end{cases}$　　(2)　$\begin{cases} x + (a + 1)y = 0 \\ ax + 2y = 0 \end{cases}$

3.2 2次関数

2次式の平方完成

$$x^2+\boxed{b}\,x=\left(x+\frac{b}{2}\right)^2-\frac{b^2}{4}$$

（$b \to \frac{b}{2}$：$\times\frac{1}{2}$，$\frac{b}{2} \to \frac{b^2}{4}$：2乗）

「b の半分 $\frac{b}{2}$ を足して，
その2乗 $\frac{b^2}{4}$ を引く」

2次関数　(1)　$y=ax^2+bx+c$ $(a \neq 0)$ のグラフは，**平方完成**して**標準形**に直し，**頂点**を求めてかく．

(2)　$y=ax^2$ $(a \neq 0)$ のグラフは

$a>0$ のとき，原点を頂点とする下に凸の放物線

$a<0$ のとき，原点を頂点とする上に凸の放物線

(3)　x 軸方向に p，y 軸方向に q だけ平行移動したグラフは点 (p,q) を頂点とする放物線で，その方程式は

$$y=a(x-p)^2+q \quad \text{(2次関数の標準形)}$$

2次関数のグラフと x 軸　2次関数 $y=ax^2+bx+c$ $(a \neq 0)$ のグラフと x 軸との交点の個数を，判別式 $D=b^2-4ac$ によって分類することができる．

	$D>0$	$D=0$	$D<0$
$ax^2+bx+c=0$ の解	異なる2つの実数解	重解	虚数解
共有点の個数	2個	1個	0個（なし）
$a>0$ のときのグラフ（下に凸）	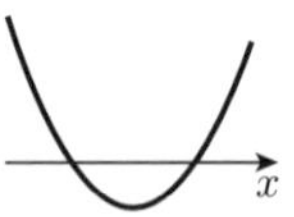	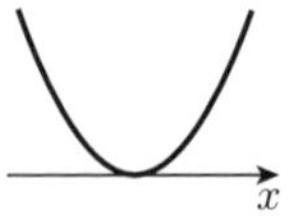	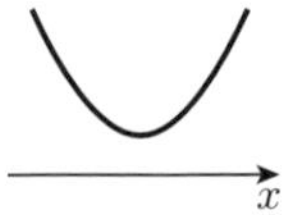
$a<0$ のときのグラフ（上に凸）	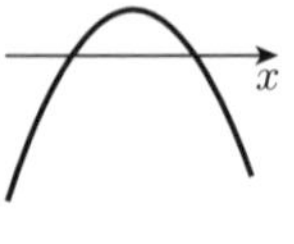	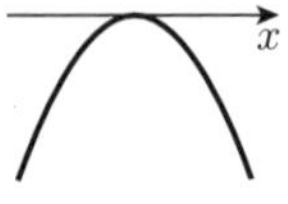	

A

8　次の 2 次式を平方完成せよ．　◀教問 3.10

(1)　x^2+4x　(2)　x^2+2x+2　(3)　x^2-x　(4)　x^2-3x+1

9　次の 2 次関数のグラフの頂点と軸を求めてグラフをかけ．　◀教問 3.11

(1)　$y=2(x-1)^2+1$　(2)　$y=x^2+2x+1$　(3)　$y=x^2+3x+1$

10　次の (1)〜(7) の操作を放物線 $y=x^2-2x+2$ に施したとき，それぞれの場合について操作後の放物線の方程式を求めグラフをかけ．　◀教問 3.11

(1)　x 軸方向に 3 だけ平行移動　(2)　y 軸方向に 2 だけ平行移動

(3)　x 軸に関する対称移動　(4)　y 軸に関する対称移動

(5)　原点に関する対称移動　(6)　x 軸方向に 3 倍

(7)　y 軸方向に 2 倍

11　次の 2 次関数が上に凸か下に凸かを調べよ．また，x 軸との交点の x 座標を求めよ．　◀教問 3.11

(1)　$y=-3(x-1)(x-2)$　(2)　$y=-x^2+6x-9$

(3)　$y=x^2+2x+2$

12　次の 2 次関数が x 軸と接するように定数 c の値を定めよ．　◀教問 3.12

(1)　$y=x^2+2x+c$　(2)　$y=-x^2+cx-9$

(3)　$y=-x^2+2cx-2+c$

13　次の 2 次関数が x 軸と交点をもたないように定数 c の値の範囲を定めよ．　◀教問 3.12

(1)　$y=x^2+2x+c$　(2)　$y=-x^2+cx-9$

(3)　$y=-x^2+2cx-2+c$

14　次の 2 次関数について，(　) 内の定義域における最大値・最小値および値域を求めよ．　◀教問 3.15

(1)　$y=(x-1)^2+1$　$(0\leqq x\leqq 2)$　(2)　$y=x^2-2x-3$　$(0\leqq x<2)$

(3)　$y=x^2-3x+1$　$(1<x\leqq 3)$　(4)　$y=-x^2+2x+1$　$(0<x<2)$

B

例題 3.4　x 軸との共有点の x 座標がそれぞれ p, q であるような 2 次関数のグラフの頂点の x 座標を p, q を用いて表せ．

解　x 軸との共有点の x 座標が p, q なので，この 2 次関数のグラフの方程式は $y = a(x-p)(x-q)$ とおける．この式の右辺を展開して平方完成すると，

$$y = a(x-p)(x-q) = a\{x^2 - (p+q)x + pq\}$$

$$= a\left\{\left(x - \frac{p+q}{2}\right)^2 - \left(\frac{p+q}{2}\right)^2 + pq\right\}$$

$$= a\left(x - \frac{p+q}{2}\right)^2 - \frac{a\,(p-q)^2}{4} \text{ より}$$

頂点の x 座標は $\dfrac{p+q}{2}$　■

例題 3.5　点 (1, 1) を通り，2 次関数 $y = x^2 + 4$ のグラフに接する直線の方程式を求めよ．ただし，2 次関数 $y = x^2 + 4$ のグラフと直線との共有点の個数が 1 個のとき，この直線は $y = x^2 + 4$ のグラフに接するという．

解　$y = x^2 + 4 \cdots$①とおく．点 (1, 1) を通る直線の方程式は，傾きを a として，

$$y = a(x-1) + 1 = ax - a + 1 \quad \cdots ②$$

とおける．①と②を連立させてできる 2 次方程式

$$x^2 - ax + a + 3 = 0 \quad \cdots ③$$

が重解をもてばよいので，(③の判別式) $= 0$ より

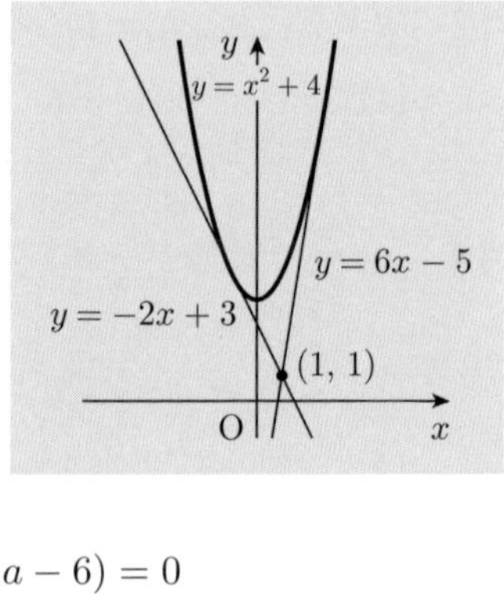

$$(-a)^2 - 4(a+3) = (a+2)(a-6) = 0$$

を解いて $a = -2, 6$

②より求める直線の方程式は

$$y = -2x + 3 \text{ と } y = 6x - 5$$

■

15　次の 2 次関数のグラフの頂点と軸を求めてグラフをかけ.

(1)　$y = -x^2 + 6x - 2$　　(2)　$y = 3x^2 + 6x + 2$

(3)　$y = -\dfrac{1}{4}x^2 + \dfrac{1}{2}x - 1$

16　(　) 内を定義域とする次の 2 次関数の逆関数を求めよ.

(1)　$y = x^2$ $(x \geqq 0)$　　(2)　$y = x^2$ $(x \leqq 0)$

(3)　$y = x^2 + 2x + 1$ $(x \leqq -1)$

17　グラフを利用して次の 2 次不等式を解け.

(1)　$(x-3)(x-4) > 0$　　(2)　$(x-3)(x-4) \leqq 0$

(3)　$(x-5)^2 \leqq 0$　　(4)　$(x-5)^2 \geqq 0$

(5)　$(x-5)^2 > 0$　　(6)　$(x-5)^2 < 0$

(7)　$-2x^2 + x - 1 > 0$　　(8)　$-2x^2 + x - 1 < 0$

(9)　$x^2 > 9$

18　次の 2 次不等式がすべての実数 x について成り立つような定数 k のとり得る値の範囲を求めよ.

(1)　$(2k+3)x^2 + 2kx + k > 0$　　(2)　$(2k+3)x^2 + 2kx + k < 0$

19　点 $(1, -2)$ を通り，放物線 $y = x^2 - 2x + 3$ に接する直線を求めよ.

20　原点を通る放物線を x 軸方向に -1，y 軸方向に 1 だけ平行移動したら x 軸と 2 点 $(-3, 0)$, $(1, 0)$ で交わった．この放物線の方程式を求めよ.

21　2 次方程式 $x^2 + kx + k - 1 = 0$ が正と負に 1 つずつ解をもつとき，定数 k の満たす値の範囲を求めよ.

3.3 いろいろな関数

無理関数 (1) $y=\pm\sqrt{ax}$ のグラフは原点を**頂点**とする放物線.

<table>
<tr><th></th><th>$y=\sqrt{ax}$</th><th>$y=-\sqrt{ax}$</th></tr>
<tr><td>$a>0$</td><td>定義域 $x\geqq 0$
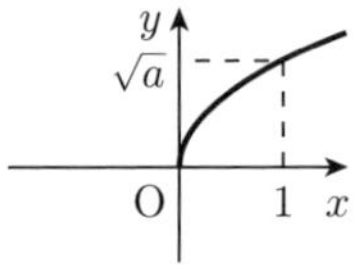
</td><td>定義域 $x\geqq 0$
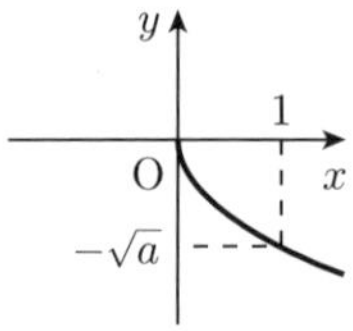
</td></tr>
<tr><td>$a<0$</td><td>定義域 $x\leqq 0$
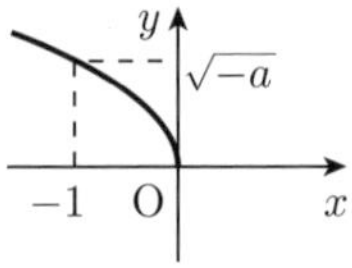
</td><td>定義域 $x\leqq 0$
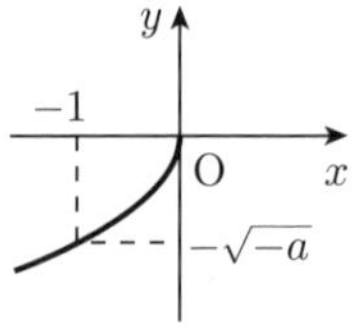
</td></tr>
</table>

(2) 無理関数 $y=\pm\sqrt{a(x-p)}+q$ のグラフは $y=\pm\sqrt{ax}$ のグラフを x 軸方向に p, y 軸方向に q 平行移動したグラフ.

① 「頂点 (p,q)」と「他の1点」を求めてかく.

② 定義域は「$\sqrt{}$ の中 $\geqq 0$」より求める.

分数関数 (1) $y=\dfrac{r}{x}$ $(r\neq 0)$ のグラフは, 直線 $x=0$ (y 軸) と直線 $y=0$ (x 軸) を**漸近線**とする**直角双曲線**.

(2) 分数関数 $y=\dfrac{ax+b}{cx+d}=\dfrac{r}{x-p}+q$ $(c\neq 0)$ のグラフは $y=\dfrac{r}{x}$ のグラフを x 軸方向に p, y 軸方向に q だけ平行移動したグラフ.

① 「漸近線 $\left(x=p=-\dfrac{d}{c}, y=q=\dfrac{a}{c}\right)$」と「あと1点」を求める.

② 求めた点から漸近線に近づくようにかく.

③ もう一方は, 点 (p,q) に対称となるようにかく.

$r > 0$

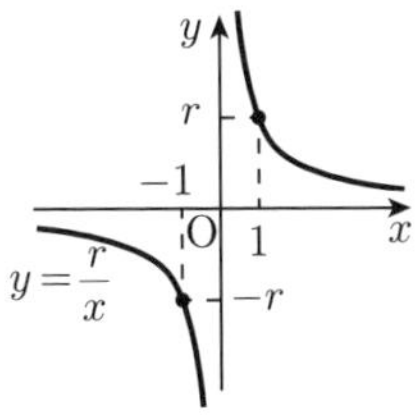

$r < 0$

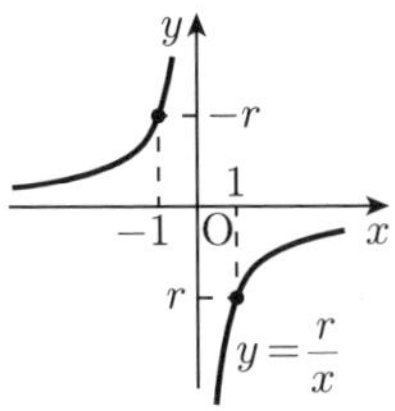

定義域は「分母 $=0$ となる値を除く実数全体」である.

べき関数　$y=x^n$（n は正の整数）の形で表される関数を**べき関数**という.

n が偶数

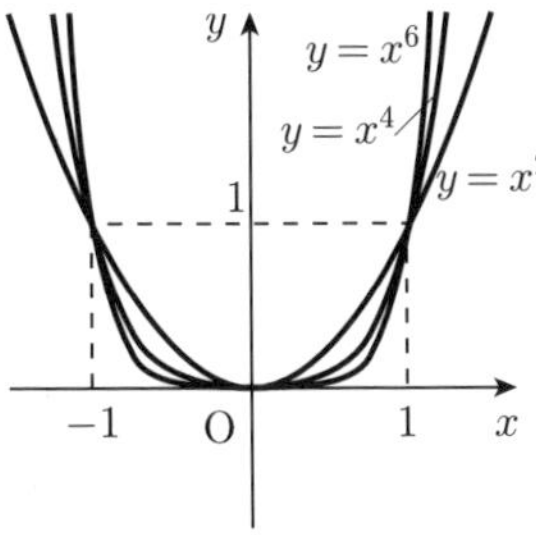

n が奇数

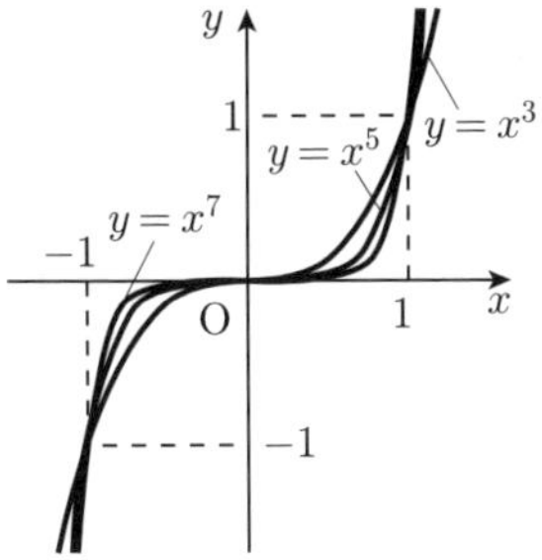

偶関数と奇関数

- $f(x)$ が**偶関数** $\Longleftrightarrow f(-x)=f(x) \Longleftrightarrow y=f(x)$ のグラフは y **軸対称**
- $f(x)$ が**奇関数** $\Longleftrightarrow f(-x)=-f(x) \Longleftrightarrow y=f(x)$ のグラフは**原点対称**

A

22 次の無理関数のグラフの頂点を求めてグラフをかけ．また，値域と定義域も求めよ．　◀教問 3.16

(1) $y=\sqrt{2(x-1)}+1$　(2) $y=\sqrt{-2(x+1)}+1$

(3) $y=-\sqrt{2(x-1)}+1$　(4) $y=-\sqrt{-2(x-1)}+1$

(5) $y=\sqrt{2x+3}-\sqrt{5}$　(6) $y=\sqrt{3-2x}-1$

23 次の (1)〜(7) の操作を放物線 $y=\sqrt{x}$ に施したとき，それぞれの場合について操作後の曲線の方程式を求めグラフをかけ．　◀教問 3.16

(1) x 軸方向に 3 だけ平行移動　(2) y 軸方向に 2 だけ平行移動

(3) x 軸に関する対称移動　(4) y 軸に関する対称移動

(5) 原点に関する対称移動　(6) x 軸方向に 3 倍

(7) y 軸方向に 2 倍

24 次の分数関数のグラフの漸近線を求めてグラフをかけ．　◀教問 3.17

(1) $y=\dfrac{1}{x-2}+3$　(2) $y=\dfrac{x+1}{x-1}$

(3) $y=\dfrac{4x+1}{2x-2}$　(4) $y=\dfrac{x+3}{x}$

25 次の (1)〜(7) の操作を分数関数 $y=\dfrac{1}{x}$ のグラフに施したとき，それぞれの場合について操作後の曲線の方程式を求めグラフをかけ．　◀教問 3.17

(1) x 軸方向に 3 だけ平行移動　(2) y 軸方向に 2 だけ平行移動

(3) x 軸に関する対称移動　(4) y 軸に関する対称移動

(5) 原点に関する対称移動　(6) x 軸方向に 3 倍

(7) y 軸方向に 2 倍

26 次の関数が偶関数であるか奇関数であるかを調べよ．　◀教問 3.19

(1) $y=3x^5-x^3+2x$　(2) $y=x^4+4x^2-7$

(3) $y=x^3+x^2+1$　(4) $y=x\sqrt{x^2-1}+\dfrac{1}{x}$

27 次の関数のグラフをかけ．　◀教問 3.18

(1) $y=(x-1)^3+1$　(2) $y=-(x-1)^3+1$

(3) $y=(x-1)^4+1$　(4) $y=-(x-1)^4+1$

B

例題 3.6　グラフを利用して次の不等式を解け．

(1)　$\sqrt{2-x} < x$　　(2)　$\dfrac{2}{x-2} \geqq x-1$

解　(1)　まず，方程式

$$\sqrt{2-x} = x$$

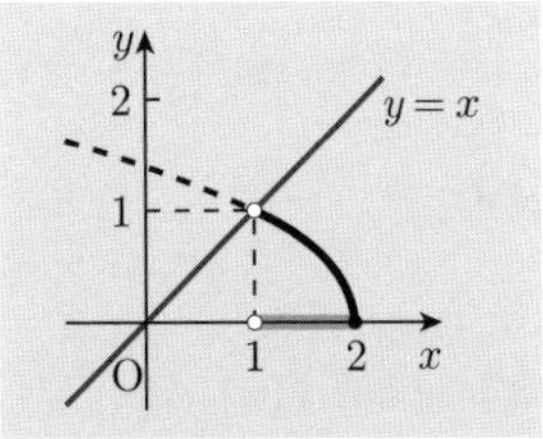

を解く．両辺を 2 乗して，$2-x=x^2$ より

$$x^2+x-2=(x+2)(x-1)=0$$

だから $x=-2, 1$

$x=1$ はもとの方程式を満たすが，$x=-2$ はもとの方程式を満たさないので，$y=\sqrt{2-x}$ のグラフと $y=x$ のグラフとの交点の x 座標は $x=1$ である．無理関数 $y=\sqrt{2-x}$ の定義域は $x \leqq 2$ であることに注意して，無理関数 $y=\sqrt{2-x}$ のグラフが直線 $y=x$ のグラフより下にある x の範囲を調べる．

グラフより $1 < x \leqq 2$

(2)　まず，方程式

$$\frac{2}{x-2} = x-1$$

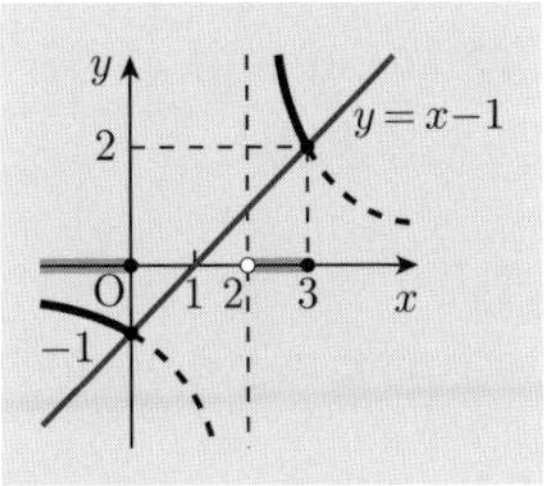

を解く．両辺に $x-2$ を掛けて，

$$2=(x-1)(x-2)$$

より

$$x^2-3x=x(x-3)=0$$

だから $x=0, 3$

分数関数 $y=\dfrac{2}{x-2}$ の定義域は $x=2$ 以外の実数であることに注意して，分数関数 $y=\dfrac{2}{x-2}$ のグラフが直線 $y=x-1$ のグラフ以上にある部分で対応する x の範囲を調べる．

グラフより $x \leqq 0,\ 2 < x \leqq 3$　■

28 グラフを利用して次の不等式を解け．

(1) $\sqrt{x+1} \geqq x+1$ (2) $\sqrt{x+1} > x-1$

(3) $\dfrac{2}{x} \geqq x+1$ (4) $\dfrac{x+1}{x-1} \leqq x+1$

29 分数関数 $y = \dfrac{ax+1}{x+b}$ のグラフが $y=2$ を漸近線にもち，点 $(1, 1)$ を通るとき，定数 a と b の値を求めよ．

30 無理関数 $y = \sqrt{ax+b} + c$ の定義域が $x \geqq 1$，値域が $y \geqq 1$ で，そのグラフが点 $(2, 3)$ を通るように定数 a, b, c の値を定めよ．

31 関数 $f(x)$, $g(x)$ について，次を示せ．

(1) $g(x)$ が偶関数のとき，$f \circ g(x)$ は偶関数となる．

(2) $g(x)$ が偶関数，$f(x)$ が奇関数のとき，$g \circ f(x)$ は偶関数となる．

(3) $g(x)$ と $f(x)$ の奇関数のとき，$g \circ f(x)$ は奇関数となる．

C 発展問題

32 $(a, b) \neq (0, 0)$ のとき，直線 $ax + by + c = 0$ に原点から下ろした垂線の足の座標は

$$\left(\frac{-ac}{a^2+b^2}, \frac{-bc}{a^2+b^2} \right)$$

となることを示せ．

33 放物線 $y = x^2 + x + 1$ と x 軸上の点 $\mathrm{P}(t, 0)$ がある．放物線上の2点 Q, R の x 座標をそれぞれ $t-2, t+6$ とする．

(1) $\triangle\mathrm{PQR}$ の面積 S を t の式で表せ．

(2) 面積 S の最小値とそのときの点 Q の座標を求めよ． (広島工業大学)

34 実数 a, b に対して，$f(x) = a(x-b)^2$ とおく．ただし a は正とする．
放物線 $y = f(x)$ が直線 $y = -4x + 4$ に接している．

(1) b を a を用いて表せ．

(2) $0 \leqq x \leqq 2$ において，$f(x)$ の最大値 $M(a)$ と，最小値 $m(a)$ を求めよ．

(3) a が正の実数を動くとき，$M(a)$ の最小値を求めよ． (神戸大学)

35　c を正の定数とするとき，直角双曲線 $y = \dfrac{1}{x}$ 上の点 $\mathrm{P}\left(c, \dfrac{1}{c}\right)$ における接線を l とする．

(1)　直線 l の方程式を求めよ．

(2)　直線 l と x 軸および y 軸とで囲まれた三角形の面積を求めよ．

36　c を正の定数とするとき，放物線 $y = 2\sqrt{x}$ 上の点 $\mathrm{P}(c, 2\sqrt{c})$ における接線を l とする．

(1)　直線 l の方程式を求めよ．

(2)　直線 l に垂直で点 P を通る直線 l' の方程式を求めよ．

(3)　点 $\mathrm{F}(1, 0)$ と点 $\mathrm{Q}(1 + 2c, 2\sqrt{c})$ は直線 l' に関して対称であることを示せ．

解く前に

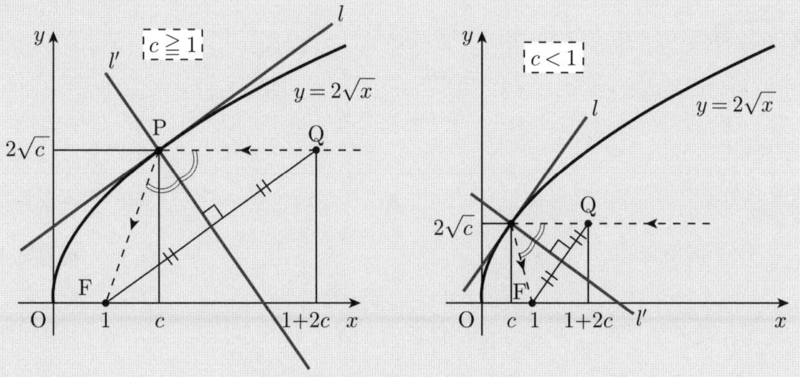

※　水平に入った光は点 F(1, 0) に集まる．

37　関数 $f(x)$ の n 回合成を，$n = 1$ のとき $f^1(x) = f(x)$，$n = 2$ のとき $f^2(x) = f(f(x))$，$n =$ のとき $f^3(x) = f(f^2(x))$ と順次，

$$f^n(x) = f(f^{n-1}(x)) \quad (n = 2, 3, 4, \ldots)$$

で定義する．$f(x) = \dfrac{x - \sqrt{3}}{\sqrt{3}\,x + 1}$ とするとき，$f^{25}(x)$ を求めよ．

4 指数関数・対数関数

4.1 指数の拡張

指数の拡張 （$a>0$，m,n は自然数）

(1) $a^0=1$　　(2) $a^{-n}=\dfrac{1}{a^n}$　　(3) $a^{\frac{m}{n}}=\sqrt[n]{a^m}$

指数法則 （$a>0,\ b>0$，r,s は実数）

(1) $a^ra^s=a^{r+s}$　　(2) $\left(\dfrac{a}{b}\right)^r=\dfrac{a^r}{b^r}$　　(3) $(ab)^r=a^rb^r$　　(4) $(a^r)^s=a^{rs}$

累乗根 （$a>0,\ b>0$，m,n は自然数）

(1) $\sqrt[n]{a}\sqrt[n]{b}=\sqrt[n]{ab}$　　(2) $\dfrac{\sqrt[n]{a}}{\sqrt[n]{b}}=\sqrt[n]{\dfrac{a}{b}}$　　(3) $(\sqrt[n]{a})^m=\sqrt[n]{a^m}$

A

1　次を計算せよ．　◀教問 4.1

(1) $8^3\times4^{-4}$　　(2) $64^2\div(4^5\times2^{-1})$

(3) $a^4\times a^{-3}\div a^2$　　(4) $3^3\times5^0\times(3^{-1})^2$

(5) $(2a^3b^{-2})^3$　　(6) $5a^2b^{-1}\times(-2ab^{-2})^2$

(7) $\dfrac{(2xy^2)^3}{6x^4y^2}$　　(8) $\left(\dfrac{x^{-3}}{y^2}\right)^{-1}\div\left(-\dfrac{x^2}{y}\right)^2$

(9) $\dfrac{(-4x^{-2}y)^2}{16x^{-4}y^3}$

2　次を計算せよ．　◀教問 4.2

(1) $\sqrt[3]{64}$　　(2) $\sqrt[4]{81}$　　(3) $\sqrt[5]{1024}$　　(4) $\sqrt[3]{0.027}$

3　$a>0$ とする．次の各式を $\sqrt[n]{a^m}$ の形で表せ．　◀教例 4.4

(1) $a^{\frac{1}{5}}$　　(2) $a^{\frac{3}{4}}$　　(3) $(a^2)^{\frac{5}{6}}$

4　$a>0$ とする．次の各式を a^r の形で表せ．　◀教例 4.4

(1)　$(\sqrt[4]{a})^5$　　(2)　$\sqrt{\sqrt[5]{a}}$　　(3)　$\dfrac{a}{\sqrt[3]{a}}$　　(4)　$\left(\dfrac{\sqrt{a}}{a}\right)^3$

5　次を計算せよ．　◀教問 4.3

(1)　$\sqrt[3]{4}\sqrt[3]{16}$　　(2)　$\sqrt[5]{\sqrt{1024}}$　　(3)　$\dfrac{\sqrt[4]{80}}{\sqrt[4]{5}}$

6　次を計算せよ．　◀教問 4.4

(1)　$16^{\frac{5}{4}}$　　(2)　$\left(2^{\frac{5}{3}}\cdot 4^{-\frac{2}{3}}\right)^3$　　(3)　$\sqrt[4]{\dfrac{32}{3}}\div\left(\sqrt[4]{27}\times\sqrt[4]{2}\right)$

B

例題 4.1　$a>0$ とする．次の式を簡単にせよ．

(1)　$(a^{2x}-a^{-2x})\div(a^x+a^{-x})$

(2)　$(a^{3x}+a^{-3x})\div(a^x+a^{-x})$

解く前に　$a^{2x}=(a^x)^2,\ a^{-2x}=(a^{-x})^2$ に注意せよ．

解　(1)　$\dfrac{(a^x+a^{-x})(a^x-a^{-x})}{(a^x+a^{-x})}=a^x-a^{-x}$

(2)　$\dfrac{(a^x+a^{-x})(a^{2x}-a^xa^{-x}+a^{-2x})}{(a^x+a^{-x})}=a^{2x}+a^{-2x}-1$　■

7　$x^{\frac{1}{2}}+x^{-\frac{1}{2}}=3$ のとき，$x+x^{-1}$ と x^3+x^{-3} の値を求めよ．

8　$2^x+2^{-x}=t$ のとき，8^x+8^{-x} を t で表せ．

9　$x=2^{\frac{1}{3}}+2^{-\frac{1}{3}},\ y=2^{\frac{1}{3}}-2^{-\frac{1}{3}}$ のとき，x^2-y^2 の値を求めよ．

10　$a>0,\ a^{2x}=3$ のとき，$\dfrac{a^{3x}+a^{-3x}}{a^x+a^{-x}}$ の値を求めよ．

4.2 指数関数とそのグラフ

指数関数　$y = a^x$（$a > 0,\ a \neq 1$）

- 定義域は実数全体　　• 値域は正の実数全体
- 2 点 $(0, 1)$, $(1, a)$ を通り，x 軸は漸近線
- $x_1 = x_2 \Longleftrightarrow a^{x_1} = a^{x_2}$
- $a > 1$ のとき単調に増加　　• $0 < a < 1$ のとき単調に減少

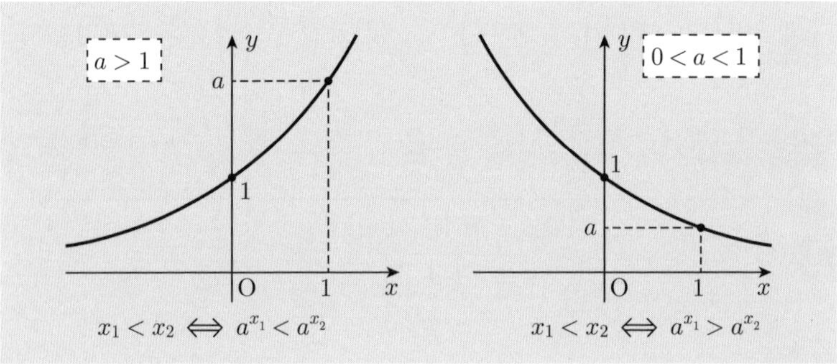

A

11　次の関数のグラフをかき，$y = 2^x$ のグラフとの位置関係を述べよ．　◀教問 4.5

(1)　$y = \left(\dfrac{1}{2}\right)^x$　　(2)　$y = \left(\dfrac{1}{2}\right)^{-x}$　　(3)　$y = -2^x$

(4)　$y = 2 \times 2^x$　　(5)　$y = 2^{x-2} - 1$　　(6)　$y = 2^{1-x} + 2$

12　4 つの数 $\sqrt[4]{32}$, $\sqrt{2}$, 1, $4^{\frac{2}{3}}$ を小さい順に並べよ．　◀教問 4.6

13　次の方程式を解け．　◀教問 4.7

(1)　$3^x = 27$　　(2)　$2^x = \dfrac{1}{64}$　　(3)　$\left(\dfrac{1}{8}\right)^x = 32$

(4)　$100^x + 10^x = 2$　　(5)　$3 \cdot 9^x + 5 \cdot 3^x - 2 = 0$

14　次の不等式を解け．　◀教問 4.8

(1)　$2^x \leqq 16$　　(2)　$3^x > \dfrac{1}{81}$　　(3)　$\left(\dfrac{1}{9}\right)^x \geqq 27$

(4)　$2^{2x} - 2^{x+2} \geqq 32$　　(5)　$3^{2x} - 2 \cdot 3^x - 3 < 0$

B

例題 4.2　$x \leqq 1$ のとき，次の関数の最大値・最小値を求めよ．

$$y = 3^{2x} - 2 \cdot 3^x$$

解く前に　$3^x = X$ とおくと，y は X の 2 次関数 $y = X^2 - 2X$ である．

解　$3^x = X$ とおくと $X = 3^x > 0$ であり，$x \leqq 1$ より

$$X = 3^x \leqq 3$$

である．よって

$$y = X^2 - 2X = (X-1)^2 - 1$$

の区間 $0 < X \leqq 3$ における最大値・最小値を求めればよい．グラフより y は，

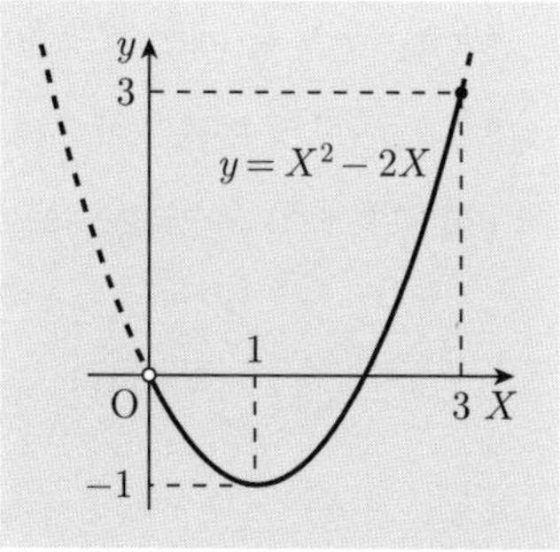

$$X = 1 = 3^0$$

すなわち $x = 0$ のとき，最小値

$$y = -1$$

をとり，$X = 3 = 3^1$ すなわち $x = 1$ のとき最大値

$$y = 3^{2 \cdot 1} - 2 \cdot 3^1 = 3$$

をとる．■

15　次の関数の最大値・最小値を求めよ．

(1)　$y = 3^x \quad (-1 \leqq x \leqq 0)$　　(2)　$y = \left(\dfrac{1}{2}\right)^x \quad (-2 \leqq x \leqq 2)$

16　次の関数の最小値とそのときの x の値を求めよ．

$$y = 4^x - 2^x - 1$$

17　次の連立方程式を解け．

$$\begin{cases} 2^x + 2^y = 6 \\ 2^{x+y} = 8 \end{cases}$$

4.3 対数とその性質

対数の定義と性質　$(a > 0,\ a \neq 0,\ b > 0,\ b \neq 0,\ M > 0,\ N > 0)$

- 対数の定義　$a^r = M \Leftrightarrow r = \log_a M$,
  特に $\log_a 1 = 0$, $\log_a a = 1$
- $\log_a a^r = r$, $a^{\log_a M} = M$
- $\log_a MN = \log_a M + \log_a N$, $\log_a \dfrac{M}{N} = \log_a M - \log_a N$
- $\log_a M^p = p \log_a M$
- 底の変換公式　$\log_a M = \dfrac{\log_b M}{\log_b a}$,
  特に $\log_a b = \dfrac{1}{\log_b a}$

A

18　次の等式を満たす x の値を求めよ．　◀教問 4.9

(1)　$\log_{10} x = 2$　　(2)　$\log_9 x = \dfrac{1}{2}$　　(3)　$\log_{0.5} x = -2$

(4)　$\log_x 9 = 2$　　(5)　$\log_x 9 = \dfrac{1}{2}$

19　次の値を求めよ．　◀教問 4.10

(1)　$\log_3 81$　　(2)　$\log_2 \dfrac{1}{32}$　　(3)　$\log_5 1$

(4)　$\log_{\frac{1}{2}} \sqrt{32}$　　(5)　$\log_{\sqrt{5}} \dfrac{1}{25}$　　(6)　$\log_{27} \dfrac{1}{9}$

(7)　$2^{\log_2 3}$　　(8)　$3^{2 \log_3 4}$　　(9)　$(\sqrt{10})^{\log_{10} 4}$

20　次の $\boxed{}$ に入る数を求めよ．　◀教問 4.11

(1)　$\log_5 3 + \log_5 4 = \log_5 \boxed{}$　　(2)　$\log_2 10 = 1 + \log_2 \boxed{}$

(3)　$\log_{10} 21 - \log_{10} 7 = \log_{10} \boxed{}$　　(4)　$\log_3 \sqrt{5} = \boxed{} \log_3 5$

21　$\log_{10} 2 = a$, $\log_{10} 3 = b$ のとき，次の値を a と b で表せ．　◀教問 4.11

(1)　$\log_{10} 12$　　(2)　$\log_{10} \sqrt{18}$　　(3)　$\log_{10} 5$　　(4)　$\log_{10} 1.2$

22　次の値を求めよ．　◀教問 4.11

(1)　$\log_3 6+\log_3 \dfrac{3}{2}$　(2)　$\log_5 2-\log_5 10$　(3)　$\dfrac{1}{2}\log_2 10+\log_2 \dfrac{4}{\sqrt{5}}$

(4)　$\dfrac{2}{3}\log_{10}\sqrt{125}+\log_{10}\sqrt[3]{\dfrac{4}{5}}$　(5)　$\log_4\sqrt{3}-\log_4\sqrt{12}+3\log_4 2$

23　次の値を求めよ．　◀教問 4.12

(1)　$\log_3 4\cdot\log_2 9$　(2)　$\log_2 \dfrac{8}{3}+\log_8 27$

(3)　$\dfrac{\log_3 2}{\log_9 16}$　(4)　$\log_2 3\cdot\log_3 5\cdot\log_5 7\cdot\log_7 8$

(5)　$(\log_2 3+\log_4 9)(\log_3 4+\log_9 2)$

B

例題 4.3　$\log_2 3 = a,\ \log_3 5 = b$ のとき，$\log_{10} 80$ を a, b で表せ．

解

$$\log_{10} 80 = \frac{\log_2 80}{\log_2 10} = \frac{\log_2(2^4\cdot 5)}{\log_2(2\cdot 5)} = \frac{4+\log_2 5}{1+\log_2 5}$$

ここで，$\log_2 5 = \log_2 3 \times \log_3 5 = ab$ だから，

$$\log_{10} 80 = \frac{ab+4}{ab+1}$$

である．■

24　$\log_x 8 = \dfrac{3}{4}$ のとき，x の値を求めよ．

25　$y = 3^x$ のグラフと直線 $y = 2$ との交点の x 座標を求めよ．

26　$xy = \sqrt{2}$ のとき，$\log_4 x + \log_4 y$ の値を求めよ．

27　$\log_a b - \log_b a = \dfrac{3}{2}$ のとき，次の値を求めよ．ただし $1 < a < b$ とする．

(1)　$\log_a b$　(2)　$\dfrac{a^6-b}{b^3-a^2}$

28　$2^x = 3^y = 6^z = 10$ のとき，$\dfrac{1}{x}+\dfrac{1}{y}-\dfrac{1}{z}$ の値を求めよ．

4.4 対数関数とそのグラフ

対数関数　$y = \log_a x$ $(a > 0,\ a \neq 1)$

- 定義域は正の数全体（真数条件），値域は実数全体
- 2 点 $(1, 0)$, $(a, 1)$ を通り，y 軸は漸近線
- $x_1 = x_2 \iff \log_a x_1 = \log_a x_2$
- $a > 1$ のとき単調に増加　　● $0 < a < 1$ のとき単調に減少

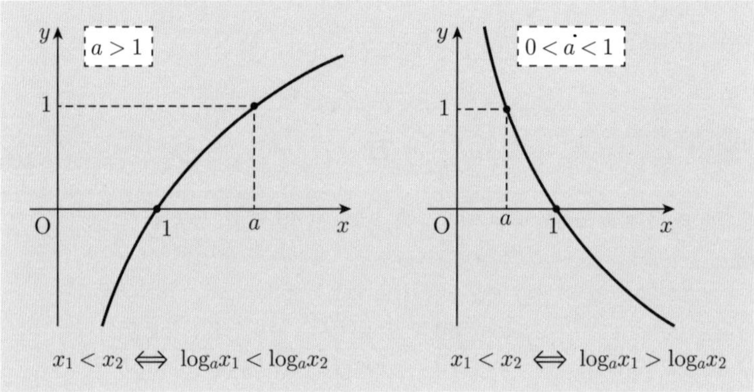

- $y = \log_a x$ は $y = a^x$ の逆関数．2 つのグラフは直線 $y = x$ に関して対称．

A

29　次の関数のグラフをかき，$y = \log_2 x$ のグラフとの位置関係を述べよ．

◀教問 4.13

(1)　$y = \log_2(x + 2)$　　(2)　$y = \log_2 \dfrac{x}{2}$　　(3)　$y = \log_2 \dfrac{1}{x}$

30　3 つの数 $\dfrac{3}{2}$, $\log_2 3$, $\log_4 7$ の大小を比較せよ．　◀教問 4.14

31　$\dfrac{1}{2} \leqq x \leqq 8$ のとき，関数 $y = \log_{\frac{1}{4}} x$ の最大値・最小値を求めよ．

◀教問 4.14

32 次の方程式と不等式を解け. ◀教問 4.15

(1) $\log_2(3x-1)=-2$ (2) $\log_{\frac{1}{2}}(1-2x)=2$ (3) $\log_8(1-x)=-\dfrac{2}{3}$

(4) $\log_3(x+1)\geqq 2$ (5) $\log_{\frac{1}{2}}(3x-5)<0$ (6) $\log_{\frac{3}{4}}(3x-2)\geqq 1$

33 次の方程式と不等式を解け. ◀教問 4.16

(1) $\log_2(x-1)+\log_2(2x-1)=0$ (2) $\log_2(x-2)+2\log_4(x+1)=2$

(3) $\log_2(x^2+x-6)=1+\log_2 x$ (4) $\log_2(3-x)\leqq 1+\log_2 x$

(5) $\log_4(x+2)-\log_4(x-1)\geqq 1$ (6) $2\log_{0.1}(x+1)\geqq \log_{0.1}(5-x)$

B

例題 4.4 次の関数について，定義域と y の最大値を求めよ．

$$y=\log_2 x+\log_2(8-x)$$

解 真数は正であるから，$x>0$ かつ $x<8$，すなわち定義域は

$$0<x<8 \qquad ①$$

関数の右辺を変形すると

$$y=\log_2 x(8-x) \qquad ②$$

ここで，底が 1 より大きいので，①の範囲で，真数部分

$$x(8-x)=-(x-4)^2+16$$

が最大となるとき，y は最大となる．

したがって，y は $x=4$ のとき最大となり，最大値は②より

$$y=\log_2 16=\log_2 2^4=4$$ ■

34 関数 $y=\log_{\frac{1}{2}}(x+3)+\log_{\frac{1}{2}}(5-x)$ について，x と y の取り得る値の範囲を求めよ．

35 $\log_{10}2=a$, $\log_{10}3=b$ とするとき，方程式 $2^{x+1}=3^{2x}$ の解 x を，a と b を用いて表せ．

解く前に 方程式の両辺に $\log_{10}$ を作用させよう．

例題 4.5 次の方程式を解け.

$$(\log_2 x)^2 - \log_2 x - 2 = 0$$

解 $t = \log_2 x$ とおくと，$t^2 - t - 2 = 0$ となって $t = \log_2 x = -1,\ 2$

したがって，$x = \dfrac{1}{2},\ 4$ ■

36 次の方程式を解け.

(1) $(\log_3 x)^2 + 2\log_3 x = 8$　　(2) $(\log_2 x)^2 + 3 = 2\log_2 x^2$

37 関数 $y = \log_2(x-1) - 3$ について，次の問いに答えよ.

(1) この関数の漸近線を求めよ.

(2) この関数のグラフが x 軸と交わる点の x 座標を求めよ.

38 下の表は，関数 $y = 3^x$ において，x と y との対応を表したものである．このとき次の問いに答えよ.

x	0	1	a	b	2
y	1	3	5	7	9

(1) a, b に当てはまる数をかけ.

(2) ある整数 n を用いて，$n \leqq a + b < n + 1$ と表されるとき，n の値を求めよ.

解く前に (2) 不等式の各辺を 3 を底とする対数で表そう.

39 関数 $f(x) = \log_2(8-x) - 2$ について，次の問いに答えよ.

(1) 関数 $f(x)$ の定義域を求めよ.

(2) 関数 $y = f(x)$ のグラフと x 軸との交点の座標を求めよ.

(3) 不等式 $f(x) \leqq 0$ を満たす x の範囲を求めよ.

40 次の 2 数の大小を比較せよ.

(1) $\log_2 5$ と $\dfrac{1}{2}(3 + \log_2 3)$　　(2) $\log_2 3$ と $\log_{\frac{1}{2}} \dfrac{1}{\sqrt{3}}$

4.5 常用対数

常用対数 $\log_{10} N$

- $N = a \times 10^n$ のとき，$\log_{10} N = n + \log_{10} a$

- 1 以上の数 N の整数部分が n 桁
  $\iff 10^{n-1} \leqq N < 10^n$
  $\iff n - 1 \leqq \log_{10} N < n$

- 1 より小さい正の数 N の小数第 n 位にはじめて 0 でない数字
  $\iff 10^{-n} \leqq N < 10^{-n+1}$
  $\iff -n \leqq \log_{10} N < -n + 1$

A

41 $\log_{10} 2 = 0.3010$, $\log_{10} 3 = 0.4771$ とするとき，次の値を求めよ．

◀教 例 4.11

(1) $\log_{10} 20$　(2) $\log_{10} 5$　(3) $\log_{10} 24$　(4) $\log_{10} 0.6$

42 $\log_{10} 2 = a$, $\log_{10} 3 = b$ とするとき，次を a と b で表せ． ◀教 例 4.12

(1) $\log_{10} 18$　(2) $\log_{10} \sqrt{45}$　(3) $\log_6 3$　(4) $\log_8 15$

43 $\log_{10} 2 = 0.3010$ として，次を求めよ． ◀教 例題 4.8

(1) 2^{100} の桁数　(2) 5^{50} の桁数

44 0.9^{100} は小数第何位にはじめて 0 でない数が出てくるか求めよ．ただし $\log_{10} 3 = 0.4771$ とせよ． ◀教 問 4.17

B

例題 4.6　$\left(\frac{1}{2}\right)^{100}$ を小数で表すと，小数第何位にはじめて 0 でない数字が出てくるか求めよ．ただし $\log_{10} 2 = 0.3010$ とする．

解　常用対数をとると，

$$\log_{10}\left(\frac{1}{2}\right)^{100} = -100\log_{10} 2 = -100 \times 0.3010 = -30.10$$

ゆえに $-31 \leqq \log_{10}\left(\frac{1}{2}\right)^{100} < -30$ となって，$10^{-31} \leqq \left(\frac{1}{2}\right)^{100} < 10^{-30}$

したがって，はじめて 0 でない数字が出てくるのは小数第 31 位．■

例題 4.7　貯金箱に毎日お金を貯めていくとき，1 日目は 1 円，2 日目は 2 円，3 日目は 4 円，4 日目は 8 円というように，前日の倍の金額を入れることにする．このとき，1 日に入れる金額が 1 万円を超えるのは何日目からか．ただし $\log_{10} 2 = 0.3$ とする．

解　n 日目に入れる金額は 2^{n-1} 円であるから，$2^{n-1} > 10000$．両辺の常用対数をとって $\log_{10} 2^{n-1} > \log_{10} 10000$，すなわち $(n-1)\log_{10} 2 > 4$ となればよいので，

$$n > \frac{4}{\log_{10} 2} + 1 = \frac{4}{0.3} + 1 = 14.3\cdots$$

これを満たす最小の整数は $n = 15$ より，15 日目から．

45　7^n が 9 桁の整数となる自然数 n の値を求めよ．ただし $\log_{10} 7 = 0.8451$ とする．

46　ある物質中を平行光線が通過するとき，その強さ y は通過した距離 x とともに減少する指数関数であるとする．このとき次の問いに答えよ．

(1)　その減少の仕方が 3 cm 通過して 1 割減る割合であるとき，y を x で表せ．ただし距離の単位は cm で $x = 0$ のとき $y = 1$ とする．

(2)　$y = 0.5$ のとき x の値を $\log_{10} 2$ と $\log_{10} 3$ を用いて表せ．

C 発展問題

47 関数 $y=-(3^{2x}+3^{-2x})+4(3^x+3^{-x})+4$ の最大値とそのときの x の値を求めよ．

48 関数 $y=\left(\log_2 \dfrac{4}{x}\right)\left(\log_2 \dfrac{x}{2}\right)$ の最大値とそのときの x の値を求めよ．

49 連立方程式 $\begin{cases} 2^x-2^y=2^3 \\ 2^{x+y}=2^7 \end{cases}$ を解け．

50 連立方程式 $\begin{cases} x+y=10 \\ \log_2 x+\log_2 y=4 \end{cases}$ を解け．

51 数 $\log_2 3$ は無理数であることを示せ．

52 a は定数とする．x の方程式 $4^{x+1}-2^{x+4}+a=0$ が異なる 2 つの解をもつような a の値の範囲を求めよ．

53 $x>0,\ y>0$ のとき，次の不等式を証明せよ．

$$(\log_2 x)(\log_2 y) \geqq \left(\log_2 \sqrt{\frac{x}{y}}\right)\left(\log_2 \sqrt{\frac{y}{x}}\right)$$

54 $\log_{10} 2=0.3010,\ \log_{10} 3=0.4771$ とするとき，次の問いに答えよ．
(1) 5^{25} は何桁の数か求めよ． (2) 5^{25} の最高位の数字を求めよ．

5 三角関数

5.1 三角比

三角比の定義

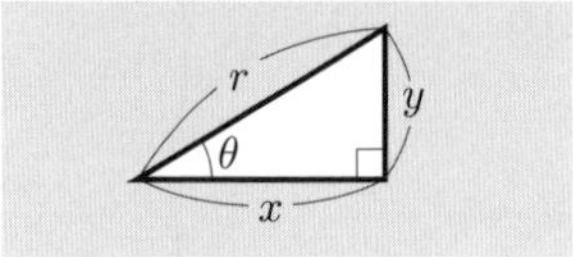

$$\cos\theta = \frac{x}{r}, \quad \sin\theta = \frac{y}{r}, \quad \tan\theta = \frac{y}{x}$$

$$\iff \quad x = r\cos\theta, \quad y = r\sin\theta, \quad y = x\tan\theta$$

三角比の相互関係

$$\sin^2\theta + \cos^2\theta = 1, \qquad \tan\theta = \frac{\sin\theta}{\cos\theta}, \qquad 1 + \tan^2\theta = \frac{1}{\cos^2\theta}$$

$0^\circ \leqq \theta \leqq 360^\circ$ の角 θ の三角比

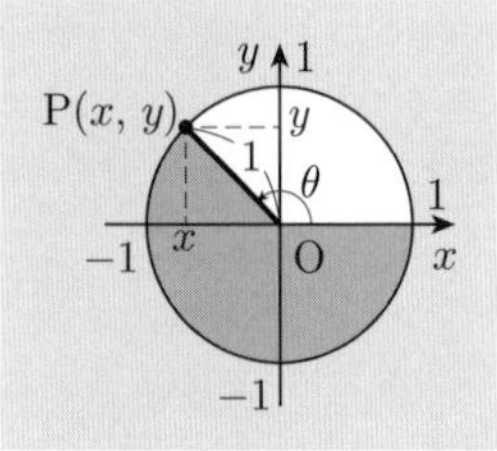

角 θ の表す動径と単位円の交点を $\mathrm{P}(x,\ y)$ とおくと，

$$\cos\theta = x, \qquad \sin\theta = y, \qquad \tan\theta = \frac{y}{x}$$

ただし，$x = 0$ のとき，$\tan\theta$ は定義されない．

$90^\circ - \theta$ の三角比，$180^\circ - \theta$ の三角比

$$\begin{cases} \sin(90^\circ - \theta) = \cos\theta \\ \cos(90^\circ - \theta) = \sin\theta \\ \tan(90^\circ - \theta) = \dfrac{1}{\tan\theta} \end{cases} \qquad \begin{cases} \sin(180^\circ - \theta) = \sin\theta \\ \cos(180^\circ - \theta) = -\cos\theta \\ \tan(180^\circ - \theta) = -\tan\theta \end{cases}$$

A

1　下の図について，$\sin\alpha$, $\cos\alpha$, $\tan\alpha$ の値を，それぞれ求めよ．

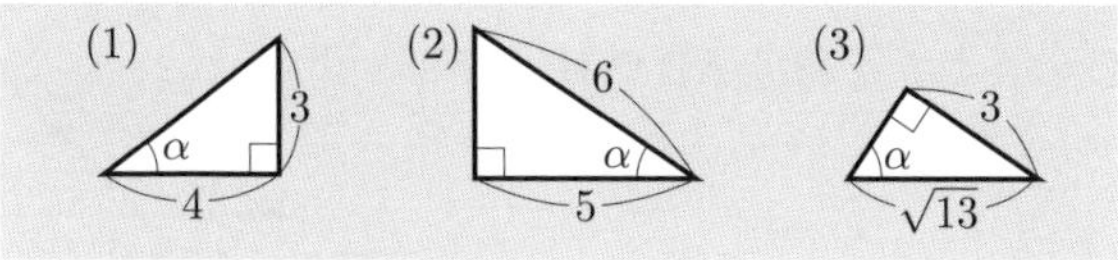

教 例 5.1，問 5.1

2　次の三角比の値を求めよ．　教 問 5.6

(1)　$\sin 60^\circ$　(2)　$\cos 45^\circ$　(3)　$\tan 30^\circ$　(4)　$\sin 150^\circ$

(5)　$\cos 120^\circ$　(6)　$\tan 135^\circ$　(7)　$\sin 210^\circ$　(8)　$\cos 240^\circ$

(9)　$\sin 90^\circ$　(10)　$\tan 240^\circ$　(11)　$\sin 315^\circ$　(12)　$\cos 180^\circ$

3　三角比の表を用いて，次の三角比の値を求めよ．

(1)　$\sin 38^\circ$　(2)　$\cos 16^\circ$　(3)　$\tan 72^\circ$　(4)　$\sin 130^\circ$

4　次の式の値を求めよ．　教 問 5.6, 5.7

(1)　$\sin 60^\circ + \cos 60^\circ$　(2)　$\cos 30^\circ \tan 60^\circ + 2\sin 45^\circ \cos 45^\circ$

(3)　$\cos 135^\circ \sin 120^\circ \cos 150^\circ$　(4)　$\cos 150^\circ \cos 30^\circ + 2\sin 135^\circ \sin 45^\circ$

5　傾斜 8° の坂道を 100 m 進むと，鉛直方向に何 m 登り，水平方向に何 m 進んだことになるか．三角関数の表を用いて，四捨五入により，小数第 1 位まで求めよ．　教 問 5.2

6　頂角が 50° の二等辺三角形 ABC において，底辺 BC の長さが 20 cm であるとき，底辺 BC に対するこの三角形の高さ h を求めよ．三角関数の表を用いて，四捨五入により，cm の小数第 1 位まで求めよ．　教 5.2

7　半径 r の円で中心角 θ に対する弦の長さ x を求めよ．ただし，$0^\circ < \theta < 180^\circ$ とする．　教 5.2

8　$0^\circ \leqq \theta \leqq 180^\circ$ とする．$\sin\theta$, $\cos\theta$, $\tan\theta$ のうち，1 つが次の値をとるとき，残りの 2 つの値を求めよ．　教 問 5.8, 5.9

(1)　$\sin\theta = \dfrac{4}{5}$　（θ は鋭角）　(2)　$\cos\theta = \dfrac{3}{4}$

(3)　$\sin\theta = \dfrac{1}{3}$　（θ は鈍角）　(4)　$\tan\theta = -\dfrac{5}{12}$

B

例題 5.1 右の図において $0^\circ < \alpha < \beta < 90^\circ$ とする．線分 CD の長さ h を線分 AB の長さ a と角 α, β の式で表せ．

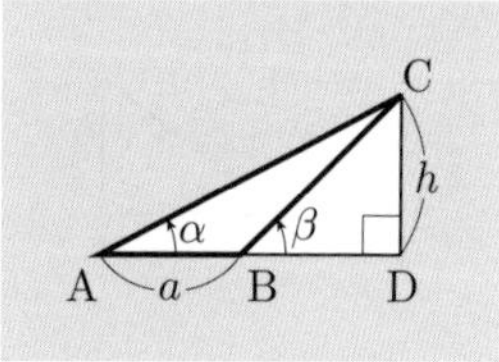

解 BD $= x$ とおくと $(a+x)\tan\alpha = h$, $x\tan\beta = h$ が成り立つ．

これより，$x + a = \dfrac{h}{\tan\alpha}$, $x = \dfrac{h}{\tan\beta}$. この2式より，x を消去すると，

$$a = \frac{h}{\tan\alpha} - \frac{h}{\tan\beta} = \frac{\tan\beta - \tan\alpha}{\tan\alpha\tan\beta}\cdot h \quad よって \quad h = \frac{\tan\alpha\tan\beta}{\tan\beta - \tan\alpha}\cdot a$$

9 鉄塔の真下から 300 m 離れたところから，鉄塔の先端をみたところ，その仰角は 10° であった．鉄塔の高さは何 m か．ただし，目の高さは地上から 1.7 m とする．小数第2位は四捨五入して小数第1位まで答えよ．

10 $\angle\mathrm{A} = 90^\circ$ の直角三角形 ABC の頂点 A から斜辺 BC に垂線 AH を下ろす．$\angle\mathrm{ABC} = \theta$, BC $= a$ であるとき，次の線分の長さを a, θ を用いて表せ．

(1) AB　(2) AH　(3) CH

11 水平な地面に垂直な棒 PQ が立っている．その棒の真南の地点 A から棒の先端 P を見ると仰角が 30° であり，真東の地点 B から P を見ると仰角が 45° であった．A, B の間の水平距離は 12 m である．棒の地面からの高さは何 m か．ただし，目の高さは地上から 1.6 m とする．

12 $\sin\theta - \cos\theta = \dfrac{1}{2}$ のとき，次の式の値を求めよ．

(1) $\sin\theta\cos\theta$　(2) $\tan\theta + \dfrac{1}{\tan\theta}$　(3) $\sin^3\theta - \cos^3\theta$

13 $0^\circ \leqq \theta \leqq 180^\circ$ とする．$\sin\theta + \cos\theta = \dfrac{2}{3}$ のとき，次の式の値を求めよ．

(1) $\sin\theta\cos\theta$　(2) $\sin^3\theta + \cos^3\theta$　(3) $\sin\theta - \cos\theta$

5.2 三角形への応用

正弦定理　△ABC の外接円の半径を R とおくと

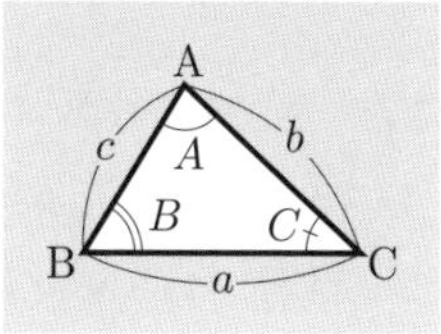

$$\frac{a}{\sin A} = \frac{b}{\sin B} = \frac{c}{\sin C} = 2R$$

$$\iff \quad \sin A = \frac{a}{2R}, \quad \sin B = \frac{b}{2R}, \quad \sin C = \frac{c}{2R}$$

余弦定理

$$\begin{cases} a^2 = b^2 + c^2 - 2bc\cos A \\ b^2 = c^2 + a^2 - 2ca\cos B \\ c^2 = a^2 + b^2 - 2ab\cos C \end{cases} \iff \begin{cases} \cos A = \dfrac{b^2 + c^2 - a^2}{2bc} \\ \cos B = \dfrac{c^2 + a^2 - b^2}{2ca} \\ \cos C = \dfrac{a^2 + b^2 - c^2}{2ab} \end{cases}$$

三角形の面積　△ABC の面積を S とすると

$$S = \frac{1}{2}bc\sin A = \frac{1}{2}ca\sin B = \frac{1}{2}ab\sin C$$

$$= \sqrt{s(s-a)(s-b)(s-c)} \qquad ただし \quad s = \frac{a+b+c}{2}$$

A

14　△ABC において次のものを求めよ．　◀教問 5.10, 5.11

(1)　$A = 45^\circ$, $B = 15^\circ$, $c = 6$ のとき，a と外接円の半径 R

(2)　$A = 75^\circ$, $C = 45^\circ$, $c = 6$ のとき，b および外接円の半径 R

(3)　$B = 65^\circ$, $C = 85^\circ$, $a = 4$ のとき，外接円の半径 R

(4)　$a = 6$, 外接円の半径 $R = 6$ のとき，角 A

15　△ABC において次のものを求めよ．　◀教問 5.13

(1)　$a = 3$, $c = 2\sqrt{2}$, $B = 45^\circ$ のとき，b

(2)　$b = 3$, $c = 5$, $A = 120^\circ$ のとき，a

16 △ABC において次のものを求めよ. ◀教問 5.13

(1) $b = 2, c = \sqrt{7}, C = 60^\circ$ のとき，a

(2) $a = \sqrt{2}, b = 2, A = 30^\circ$ のとき，c

17 △ABC において次のものを求めよ. ◀教問 5.14

(1) $a = 7, b = 5, c = 3$ のとき，角 A

(2) $a = \sqrt{2}, b = \sqrt{5}, c = 1$ のとき，角 B

18 次のような △ABC の面積を求めよ. ◀教問 5.15

(1) $a=4, b=5, C=30^\circ$ (2) $b=5, c=2\sqrt{3}, A=120^\circ$

(3) $a=b=c=4$ (4) $a=2, c=\sqrt{2}+\sqrt{6}, A=15^\circ, C=30^\circ$

19 次のような △ABC の面積を求めよ. ◀教問 5.19

(1) $a = 5, b = 6, c = 7$ (2) $a = 11, b = 13, c = 15$

20 AB $= 2$, AC $= 3$, $\angle$A $= 60^\circ$ である △ABC の ∠A の二等分線と辺 BC の交点を D とするとき，線分 AD と線分 BD の長さを求めよ. ◀教問 5.18

B

例題 5.2 円に内接する四角形 ABCD において，AB $= 2$, BC $= 4$, CD $= 3$, DA $= 2$ とするとき，次のものを求めよ.

(1) $\cos B$ の値 (2) 対角線 AC の長さ

解 (1) △ABC に余弦定理を適用すると

$$\mathrm{AC}^2 = 2^2 + 4^2 - 2 \cdot 2 \cdot 4 \cos B = 20 - 16 \cos B \quad \cdots ①$$

また，四角形 ABCD は円に内接するから $D = 180^\circ - B$

△ADC に余弦定理を適用して

$$\mathrm{AC}^2 = 2^2 + 3^2 - 2 \cdot 2 \cdot 3 \cos D$$

$$= 13 - 12 \cos(180^\circ - B) = 13 + 12 \cos B \quad \cdots ②$$

①, ②から $20 - 16 \cos B = 13 + 12 \cos B$. これより $\cos B = \dfrac{1}{4}$ $\cdots$③

(2) ③を①に代入すると，$\mathrm{AC}^2 = 16$. AC > 0 より，AC $= 4$ ■

例題 5.3　△ABC において，$\sin A = \cos B \sin C$ が成り立つとき，この三角形はどんな三角形か．

解　△ABC の外接円の半径を R とすると，正弦定理と余弦定理より，与えられた等式は

$$\frac{a}{2R} = \frac{c^2 + a^2 - b^2}{2ca} \cdot \frac{c}{2R}$$

となる．この両辺に $4aR$ を掛けると $2a^2 = c^2 + a^2 - b^2$．よって，$a^2 + b^2 = c^2$ が成り立つ．これより，△ABC は $C = 90^\circ$ の直角三角形．■

21　次の等式が成り立つとき，△ABC はどんな三角形か．

(1)　$\sin A = 2\cos B \sin C$　　(2)　$a\cos A + b\cos B = c\cos C$

22　$\angle\mathrm{B} = 120^\circ$, $\mathrm{AB} = 3$, $\mathrm{BC} = 5$, $\mathrm{CD} = 5$, $\mathrm{DA} = 4$ である四角形 ABCD の面積を求めよ．

23　円に内接する四角形 ABCD において，$\angle\mathrm{A} = 60^\circ$, $\mathrm{AB} = 8$, $\mathrm{BC} = 3$, $\mathrm{DA} = 5$ のとき，次のものを求めよ．

(1)　線分 BD の長さ　　(2)　線分 CD の長さ

24　円に内接する四角形 ABCD において, $\mathrm{AB} = 4$, $\mathrm{BC} = 3$, $\mathrm{CD} = 1$, $\mathrm{DA} = 2$ とするとき，次のものを求めよ．

(1)　$\cos B$ の値　　(2)　対角線 AC の長さ　　(3)　四角形 ABCD の面積

25　台形 ABCD において，AD // BC，$\mathrm{AB} = 2$, $\mathrm{BC} = 4$, $\mathrm{CD} = \sqrt{7}$, $\mathrm{DA} = 1$ とする．$\angle\mathrm{ABC} = \theta$ とおくとき，次のものを求めよ．

(1)　$\cos\theta$ の値　　(2)　台形 ABCD の面積 S

26　△ABC において $a = 4$, $b = \sqrt{5}$, $c = 3$ とする．線分 BC の中点を M とするとき，次の値を求めよ．

(1)　$\cos B$ の値　　(2)　$\sin B$ の値　　(3)　△ABC の面積 S

(4)　外接円の半径 R　　(5)　内接円の半径 r　　(6)　線分 AM の長さ

5.3 一般角・三角関数

弧度法

$$180^\circ = \pi \text{ ラジアン}$$

$$1^\circ = \frac{\pi}{180} \text{ ラジアン}$$

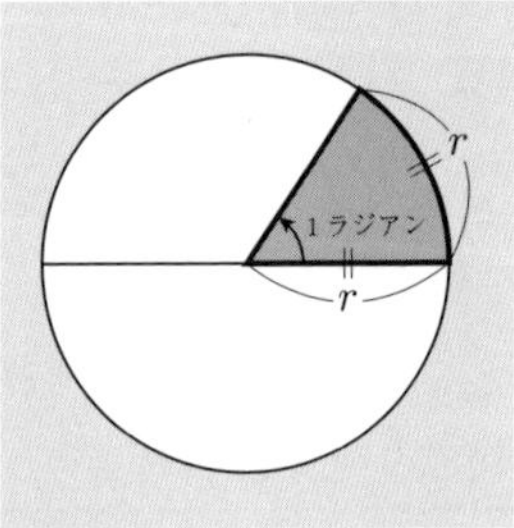

扇形の弧の長さと面積 半径 r, 中心角 θ ラジアンの扇形の弧の長さ l と面積 S は

$$l = r\theta$$

$$S = \frac{1}{2}r^2\theta = \frac{1}{2}rl$$

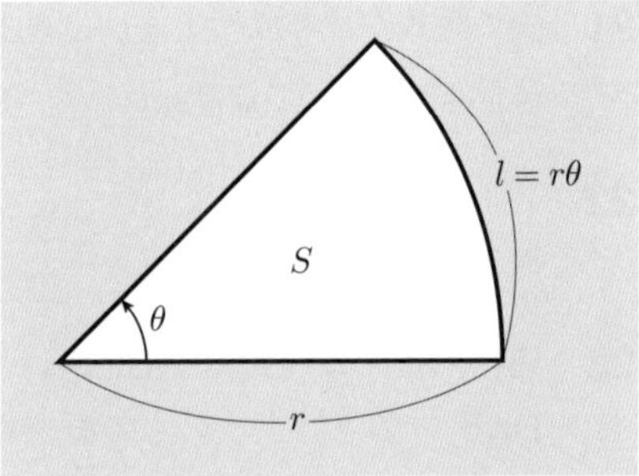

三角関数の定義 角 θ の表す動径と単位円の交点を $\mathrm{P}(x, y)$ とし，直線 OP と直線 $x = 1$ との交点を $\mathrm{T}(1, m)$ とすると，

$$\cos\theta = x$$

$$\sin\theta = y$$

$$\tan\theta = \frac{y}{x} = m$$

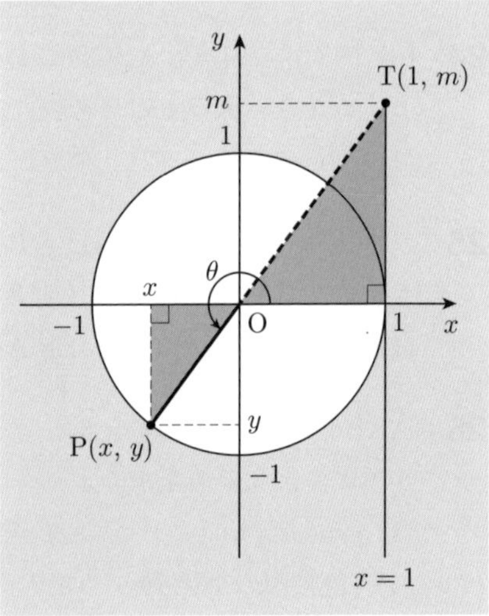

三角関数の相互関係

$$\cos^2\theta + \sin^2\theta = 1,\quad \tan\theta = \frac{\sin\theta}{\cos\theta},\quad 1 + \tan^2\theta = \frac{1}{\cos^2\theta}$$

三角関数の性質

$$\begin{cases} \cos(\theta + 2n\pi) = \cos\theta \\ \sin(\theta + 2n\pi) = \sin\theta \\ \tan(\theta + 2n\pi) = \tan\theta \end{cases} \quad \begin{cases} \cos(-\theta) = \cos\theta \\ \sin(-\theta) = -\sin\theta \\ \tan(-\theta) = -\tan\theta \end{cases} \quad \begin{cases} \cos(\theta + \pi) = -\cos\theta \\ \sin(\theta + \pi) = -\sin\theta \\ \tan(\theta + \pi) = \tan\theta \end{cases}$$

$$\begin{cases} \cos\left(\theta + \frac{\pi}{2}\right) = -\sin\theta \\ \sin\left(\theta + \frac{\pi}{2}\right) = \cos\theta \\ \tan\left(\theta + \frac{\pi}{2}\right) = -\frac{1}{\tan\theta} \end{cases} \quad \begin{cases} \cos(\pi - \theta) = -\cos\theta \\ \sin(\pi - \theta) = \sin\theta \\ \tan(\pi - \theta) = -\tan\theta \end{cases} \quad \begin{cases} \cos\left(\frac{\pi}{2} - \theta\right) = \sin\theta \\ \sin\left(\frac{\pi}{2} - \theta\right) = \cos\theta \\ \tan\left(\frac{\pi}{2} - \theta\right) = \frac{1}{\tan\theta} \end{cases}$$

三角関数のグラフ I

$y = \sin\theta$　周期は 2π，原点に関して対称，$-1 \leqq \sin\theta \leqq 1$

$y = \cos\theta$　周期は 2π, y 軸に関して対称，$-1 \leqq \cos\theta \leqq 1$

$y = \tan\theta$　周期は π，原点に関して対称，値域はすべての実数

三角関数のグラフ II

a, k を正の定数，α を定数とする．

$y = a\sin k\theta$ のグラフは $y = \sin\theta$ のグラフを（x 軸を中心にして）y 軸方向に a 倍拡大または縮小し，さらに，（y 軸を中心にして）x 軸方向に $\dfrac{1}{k}$ 倍拡大または縮小したもの（順不同）．周期は $\dfrac{2\pi}{k}$，値域は $-a \leqq y \leqq a$

$y = a\sin k(\theta - \alpha)$ のグラフは $y = a\sin k\theta$ のグラフを x 軸方向に α だけ平行移動したもの．

A

27 次の度数法の角を弧度法で表せ. ◀教問 5.20

(1) $30°$ (2) $135°$ (3) $270°$ (4) $72°$ (5) $1740°$

28 次の弧度法の角を度数法で表せ. ◀教問 5.20

(1) $\dfrac{\pi}{3}$ (2) $-\dfrac{17}{6}\pi$ (3) $\dfrac{3}{8}\pi$ (4) $\dfrac{\pi}{5}$ (5) 3

29 次の扇形の弧の長さ l と面積 S を求めよ. ◀教問 5.21

(1) 半径 6, 中心角 $\dfrac{\pi}{4}$ (2) 半径 8, 中心角 $150°$

30 θ が次の角のとき, $\sin\theta$, $\cos\theta$, $\tan\theta$ の値を求めよ. ◀教問 5.23

(1) $\dfrac{2}{3}\pi$ (2) $-\dfrac{\pi}{6}$ (3) $\dfrac{7}{4}\pi$ (4) $-\dfrac{19}{2}\pi$ (5) $\dfrac{343}{6}\pi$

31 $\sin\theta$, $\cos\theta$, $\tan\theta$ のうち, 1 つの値が次のように与えられたとき, 残りの 2 つの値を求めよ. ◀教問 5.24, 5.25

(1) $\sin\theta = -\dfrac{1}{4}$ $\left(\dfrac{\pi}{2} < \theta < \dfrac{3}{2}\pi\right)$ (2) $\cos\theta = -\dfrac{5}{13}$ $(\pi < \theta < 2\pi)$

(3) $\tan\theta = -2$ $(0 < \theta < \pi)$ (4) $\cos\theta = \dfrac{1}{\sqrt{3}}$ $(9\pi < \theta < 10\pi)$

32 $\sin\theta + \cos\theta = \dfrac{2}{5}$ のとき, 次の式の値を求めよ. ◀教例題 5.9

(1) $\sin\theta\cos\theta$ (2) $\sin^3\theta + \cos^3\theta$ (3) $\tan\theta + \dfrac{1}{\tan\theta}$

33 $\sin\theta - \cos\theta = -\dfrac{1}{\sqrt{5}}$ のとき, 次の式の値を求めよ. ◀教問 5.26

(1) $\sin\theta\cos\theta$ (2) $\sin^3\theta - \cos^3\theta$ (3) $\dfrac{1}{\sin\theta} - \dfrac{1}{\cos\theta}$

34 次の等式を証明せよ. ◀教問 5.27

(1) $\dfrac{\sin\theta}{1+\cos\theta} + \dfrac{1}{\tan\theta} = \dfrac{1}{\sin\theta}$

(2) $\tan\theta + \dfrac{1}{\cos\theta} = \dfrac{\cos\theta}{1-\sin\theta}$

(3) $(\tan\theta + \cos\theta)^2 - (\tan\theta - \cos\theta)^2 = 4\sin\theta$

35　次の関数のグラフをかけ．また，周期と値域を求めよ．

◀教問 5.30, 5.31, 5.32, 5.34

(1)　$y = 3\sin\theta$　　(2)　$y = -4\cos 2\theta$　　(3)　$y = \tan\dfrac{\theta}{2}$

(4)　$y = 2 + 3\sin\theta$　　(5)　$y = 2\sin\dfrac{\theta}{3}$　　(6)　$y = \cos\left(\theta + \dfrac{\pi}{3}\right)$

36　次の関数のグラフをかけ．また，周期と値域を求めよ．　◀教問 5.33

(1)　$y = 1 + \cos\left(2\theta + \dfrac{\pi}{3}\right)$

(2)　$y = 4\sin\left(\dfrac{\theta}{3} - \dfrac{\pi}{6}\right)$

37　$0 \leqq \theta < 2\pi$ とする．次の方程式を解け．　◀教問 5.35

(1)　$\sin\theta = -\dfrac{1}{\sqrt{2}}$　　(2)　$\cos\theta = \dfrac{\sqrt{3}}{2}$　　(3)　$\tan\theta = -\sqrt{3}$

(4)　$2\sin\theta = 1$　　(5)　$\sqrt{6}\cos\theta + \sqrt{3} = 0$　　(6)　$3\tan^2\theta = 1$

38　$0 \leqq \theta < 2\pi$ とする．次の不等式を解け．　◀教問 5.36

(1)　$\sin\theta > -\dfrac{\sqrt{3}}{2}$　　(2)　$\cos\theta \leqq \dfrac{1}{2}$　　(3)　$\tan\theta \geqq -1$

(4)　$1 - \sqrt{2}\sin\theta < 0$　　(5)　$4\cos^2\theta - 3 \leqq 0$　　(6)　$-\dfrac{1}{\sqrt{3}} < \tan\theta \leqq 1$

B

例題 5.4　$0 \leqq \theta < 2\pi$ のとき，次の方程式・不等式をを解け．

(1)　$2\sin^2\theta - \cos\theta - 2 = 0$　　(2)　$2\cos^2\theta \geqq 5\sin\theta - 1$

解く前に　$\sin^2\theta + \cos^2\theta = 1$ を用いて $\sin\theta$，または $\cos\theta$ だけの式に直す．

解　(1)　与えられた方程式より，$2(1-\cos^2\theta) - \cos\theta - 2 = 0$

よって，$(2\cos\theta + 1)\cos\theta = 0$．これより，$\cos\theta = 0, -\dfrac{1}{2}$

$0 \leqq \theta < 2\pi$ だから $\theta = \dfrac{\pi}{2}, \dfrac{2}{3}\pi, \dfrac{4}{3}\pi, \dfrac{3}{2}\pi$

(2)　与えられた不等式より，$2(1-\sin^2\theta) \geqq 5\sin\theta - 1$

よって，$2\sin^2\theta + 5\sin\theta - 3 \leqq 0 \iff (2\sin\theta - 1)(\sin\theta + 3) \leqq 0$

これより，$-3 \leqq \sin\theta \leqq \dfrac{1}{2}$

$0 \leqq \theta < 2\pi$ であるから，$0 \leqq \theta \leqq \dfrac{\pi}{6}, \dfrac{5}{6}\pi \leqq \theta < 2\pi$ ■

例題 5.5　$0 \leqq \theta < 2\pi$ とする．関数 $y = \sin^2\theta + \cos\theta + 1$ の最大値と最小値，およびそのときの θ の値を求めよ．

解　$\cos\theta = t$ とおくと，

$$y = (1-\cos^2\theta) + \cos\theta + 1 = -(t^2 - t) + 2$$

$$= -\left(t - \frac{1}{2}\right)^2 + \frac{1}{4} + 2 = -\left(t - \frac{1}{2}\right)^2 + \frac{9}{4}$$

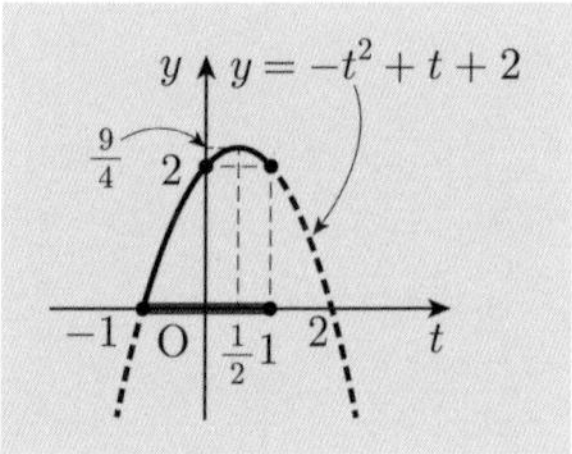

$-1 \leqq \cos\theta \leqq 1$ より，$-1 \leqq t \leqq 1$．右図より，y は $t = \dfrac{1}{2}$ のとき，最大値 $\dfrac{9}{4}$ をとり，$t = -1$ のとき，最小値 0 をとる．$t = \dfrac{1}{2}$ より $\cos\theta = \dfrac{1}{2}$．よって，$\theta = \dfrac{\pi}{3}, \dfrac{5}{3}\pi$

同様に，$t = -1$ より $\theta = \pi$．以上をまとめると，

$\theta = \dfrac{\pi}{3}, \dfrac{5}{3}\pi$ のとき，最大値 $\dfrac{9}{4}$，$\theta = \pi$ のとき，最小値 0 ■

39　$0 \leqq \theta < 2\pi$ とする．次の方程式を解け．

(1)　$2\sin^2\theta - \sin\theta - 1 = 0$　　(2)　$4\cos^2\theta = 1$

(3)　$2\sin^2\theta - 3\cos\theta = 0$　　(4)　$2\sin\theta\cos\theta = \sqrt{3}\cos\theta$

(5)　$\sqrt{3}(1 + \tan^2\theta) = 4\tan\theta$　　(6)　$2\sin\theta = \tan\theta$

(7)　$2\sin\left(2\theta - \dfrac{\pi}{3}\right) = -1$　　(8)　$3\tan\left(\theta + \dfrac{\pi}{4}\right) = \sqrt{3}$

40　$0 \leqq \theta < 2\pi$ とする．次の不等式を解け．

(1)　$2\cos^2\theta + \cos\theta - 1 \leqq 0$　　(2)　$4\sin^2\theta > 1$

(3)　$5 + 7\cos\theta < 2\sin^2\theta$　　(4)　$\tan\dfrac{\theta}{2} > -\sqrt{3}$

(5)　$2\cos\left(\theta + \dfrac{3\pi}{4}\right) < 1$　　(6)　$2\sin 3\theta \geqq 1$

41　$3x^2 - 4x + k = 0$ の 2 つの解を $\sin\theta$, $\cos\theta$ とするとき，定数 k の値と $\sin^3\theta + \cos^3\theta$ の値を求めよ．

42　$0 \leqq \theta < 2\pi$ とする．次の関数の最大値と最小値，およびそのときの θ の値を求めよ．

(1)　$y = \sin^2\theta - \cos\theta$　　(2)　$y = \cos^2\theta + \sqrt{2}\sin\theta + 1$

(3)　$y = 2\tan^2\theta + 4\tan\theta + 3$　　(4)　$y = 5\cos\left(\dfrac{\theta}{3} - \dfrac{\pi}{2}\right) + 2$

43　$\pi < \theta < 2\pi$, $\dfrac{1 + \tan\theta}{1 - \tan\theta} = 2$ のとき，$\cos\theta$ の値を求めよ．

44　$\tan\theta = 2$ のとき，$\dfrac{1 - \sin\theta}{1 + \sin\theta} + \dfrac{1 + \sin\theta}{1 - \sin\theta}$ の値を求めよ．

45　$\cos\theta + \cos^2\theta = 1$ のとき，$1 + \sin^2\theta + \sin^4\theta$ の値を求めよ．

46　次の式の値を求めよ．

(1)　$\tan\dfrac{\pi}{8}\tan\dfrac{11}{8}\pi$　　(2)　$\cos^2\left(\dfrac{\pi}{4} - \theta\right) + \cos^2\left(\dfrac{\pi}{4} + \theta\right)$

5.4 加法定理

加法定理

$$\sin(\alpha \pm \beta) = \sin\alpha\cos\beta \pm \cos\alpha\sin\beta$$

$$\cos(\alpha \pm \beta) = \cos\alpha\cos\beta \mp \sin\alpha\sin\beta$$

$$\tan(\alpha \pm \beta) = \frac{\tan\alpha \pm \tan\beta}{1 \mp \tan\alpha \cdot \tan\beta} \qquad \text{（それぞれ複号同順）}$$

2倍角の公式

$$\sin 2\alpha = 2\sin\alpha\cos\alpha$$

$$\cos 2\alpha = \cos^2\alpha - \sin^2\alpha = 2\cos^2\alpha - 1 = 1 - 2\sin^2\alpha$$

$$\tan 2\alpha = \frac{2\tan\alpha}{1 - \tan^2\alpha}$$

半角の公式

$$\cos^2\frac{\alpha}{2} = \frac{1+\cos\alpha}{2}, \quad \sin^2\frac{\alpha}{2} = \frac{1-\cos\alpha}{2}, \quad \tan^2\frac{\alpha}{2} = \frac{1-\cos\alpha}{1+\cos\alpha}$$

三角関数の合成

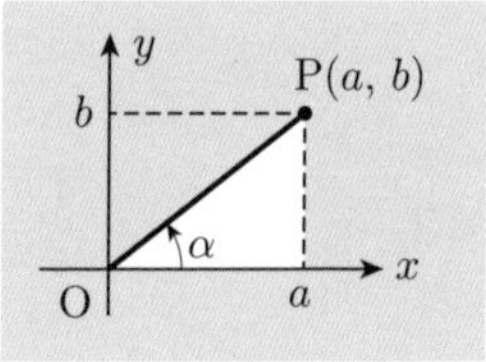

$$a\sin\theta + b\cos\theta = \sqrt{a^2+b^2}\,\sin(\theta+\alpha)$$

ここで α は右図の角で次を満たす角

$$\cos\alpha = \frac{a}{\sqrt{a^2+b^2}}, \quad \sin\alpha = \frac{b}{\sqrt{a^2+b^2}}$$

積和の公式

$$\sin\alpha\cos\beta = \frac{1}{2}\{\sin(\alpha+\beta) + \sin(\alpha-\beta)\}$$

$$\cos\alpha\sin\beta = \frac{1}{2}\{\sin(\alpha+\beta) - \sin(\alpha-\beta)\}$$

$$\cos\alpha\cos\beta = \frac{1}{2}\{\cos(\alpha+\beta) + \cos(\alpha-\beta)\}$$

$$\sin\alpha\sin\beta = -\frac{1}{2}\{\cos(\alpha+\beta) - \cos(\alpha-\beta)\}$$

和積の公式

$$\sin A + \sin B = 2\sin\frac{A+B}{2}\cos\frac{A-B}{2}$$

$$\sin A - \sin B = 2\cos\frac{A+B}{2}\sin\frac{A-B}{2}$$

$$\cos A + \cos B = 2\cos\frac{A+B}{2}\cos\frac{A-B}{2}$$

$$\cos A - \cos B = -2\sin\frac{A+B}{2}\sin\frac{A-B}{2}$$

A

47 次の三角関数の値を求めよ． ◀教問 5.38

(1) $\sin 75^\circ$ (2) $\cos 75^\circ$ (3) $\tan 15^\circ$ (4) $\sin 195^\circ$

48 次の三角関数の値を求めよ． ◀教問 5.38

(1) $\sin\dfrac{\pi}{12}$ (2) $\cos\dfrac{11}{12}\pi$ (3) $\tan\dfrac{7}{12}\pi$ (4) $\cos\dfrac{41}{12}\pi$

49 α が第 2 象限の角，β が第 4 象限の角で $\sin\alpha = \dfrac{4}{5}$, $\cos\beta = \dfrac{\sqrt{5}}{3}$ のとき，次の三角関数の値を求めよ． ◀教 5.14 5.15

(1) $\cos\alpha$ (2) $\sin\beta$ (3) $\tan\alpha$ (4) $\sin(\alpha+\beta)$

(5) $\cos(\alpha+\beta)$ (6) $\tan(\alpha+\beta)$ (7) $\tan(\alpha-\beta)$

50 次の 2 直線のなす角 θ $\left(0 < \theta < \dfrac{\pi}{2}\right)$ を求めよ． ◀教問 5.39

(1) $y = 5x$ と $y = \dfrac{2}{3}x$ (2) $y = -x + 2$ と $y = (2+\sqrt{3})x$

51 直線 $y = 2x$ を原点のまわりに反時計回りに 30° だけ回転させた直線の方程式を求めよ． ◀教問 5.39

52 $\dfrac{3}{2}\pi < \alpha < 2\pi$ を満たし，$\tan\alpha = -\sqrt{5}$ であるとき，次の三角関数の値を求めよ． ◀教問 5.40

(1) $\cos\alpha$ (2) $\sin\alpha$ (3) $\sin 2\alpha$ (4) $\cos 2\alpha$

(5) $\tan 2\alpha$ (6) $\cos 4\alpha$ (7) $\tan 3\alpha$ (8) $\sin 5\alpha$

53 半角の公式を用いて，次の三角関数の値を求めよ． 教問 5.42

(1) $\cos 22.5^\circ$ (2) $\sin 22.5^\circ$ (3) $\tan 67.5^\circ$

54 $0 < \alpha < \dfrac{\pi}{2}$ を満たし，$\cos\alpha = \dfrac{1}{3}$ であるとき，次の三角関数の値を求めよ． 教問 5.43

(1) $\cos\dfrac{\alpha}{2}$ (2) $\sin\dfrac{\alpha}{2}$ (3) $\tan\dfrac{\alpha}{2}$

55 次の式を $r\sin(\theta+\alpha)$ の形にせよ．ただし，r, θ は $r > 0,\ -\pi < \alpha < \pi$ を満たす定数とする． 教問 5.44

(1) $\sin\theta + \sqrt{3}\cos\theta$ (2) $\sqrt{3}\sin\theta - \cos\theta$

(3) $\cos\theta - \sin\theta$ (4) $-3\sin\theta - \sqrt{3}\cos\theta$

56 次の方程式を解け．ただし，$0 \leqq \theta < 2\pi$ とする． 教問 5.45

(1) $\sin\theta - \cos\theta = -\dfrac{1}{\sqrt{2}}$ (2) $\sqrt{3}\cos\theta - \sin\theta = \sqrt{2}$

57 次の不等式を解け．ただし，$0 \leqq \theta < 2\pi$ とする． 教問 5.45

(1) $\sin\theta + \sqrt{3}\cos\theta \geqq 1$ (2) $\cos\theta - \sin\theta > -\dfrac{\sqrt{6}}{2}$

58 次の関数の最大値と最小値を求めよ．ただし，最大値と最小値をとる θ の値は求めなくてよい． 教問 5.46

(1) $y = \sqrt{7}\sin\theta + 3\cos\theta$ (2) $y = -2\sin\theta + 5\cos\theta + 2$

59 次の式を三角関数の和または差で表せ． 教問 5.47

(1) $\sin 3\theta\cos 2\theta$ (2) $\cos\theta\cos 5\theta$ (3) $\sin 3\theta\sin 4\theta$

60 次の式の値を求めよ． 教問 5.47

(1) $\sin 45^\circ\cos 15^\circ$ (2) $\cos 52.5^\circ\cos 7.5^\circ$ (3) $\sin\dfrac{11}{12}\pi\sin\dfrac{5}{12}\pi$

61 次の式を三角関数の積で表せ． 教問 5.48

(1) $\cos 3\theta + \cos 5\theta$ (2) $\sin 2\theta - \sin\theta$ (3) $\cos 5\theta - \cos 2\theta$

62 $\tan\theta = -2$ であるとき，次の式の値を求めよ． 教問 5.41

(1) $\sin 2\theta$ (2) $\cos 2\theta$ (3) $\dfrac{1}{1-\sin\theta} + \dfrac{1}{1+\sin\theta}$

B

例題 5.6 次の関数の最大値と最小値を求めよ．

$$y = 3\cos^2 x + 4\sin x\cos x + 5\sin^2 x$$

解 半角の公式，合成の公式を用いると，

$$\begin{aligned} y &= 3\cdot\frac{1+\cos 2x}{2} + 2\sin 2x + 5\cdot\frac{1-\cos 2x}{2} \\ &= 2\sin 2x - \cos 2x + 4 = \sqrt{5}\sin(2x+\alpha) + 4 \end{aligned}$$

ここで，α は $\tan\alpha = -\frac{1}{2}$ $\left(-\frac{\pi}{2} < \alpha < 0\right)$ を満たす角．$-1 \leqq \sin(2x+\alpha) \leqq 1$ より，y の最大値は $4+\sqrt{5}$，y の最小値は $4-\sqrt{5}$ である． ■

例題 5.7 $0 \leqq x < 2\pi$ とする．次の方程式・不等式を解け．

(1) $\sin 3x - \sin x = 0$ (2) $\sin 2x > \cos x$

解 (1) 和積の公式より，$2\cos 2x\sin x = 0$．これより，$\cos 2x = 0$ $\cdots$①，または $\sin x = 0$ $\cdots$②．$0 \leqq 2x < 4\pi$ だから，①より $2x = \frac{\pi}{2}, \frac{3}{2}\pi, \frac{5}{2}\pi, \frac{7}{2}\pi$．よって，$x = \frac{\pi}{4}, \frac{3}{4}\pi, \frac{5}{4}\pi, \frac{7}{4}\pi$．また，②より $x = 0, \pi$

以上より，求める解は $x = 0, \frac{\pi}{4}, \frac{3}{4}\pi, \pi, \frac{5}{4}\pi, \frac{7}{4}\pi$

(2) 2 倍角の公式より，$2\sin x\cos x > \cos x$．よって，

$$2\cos x\left(\sin x - \frac{1}{2}\right) > 0$$

これより，(i) $\cos x > 0$ かつ $\sin x > \frac{1}{2}$，または (ii) $\cos x < 0$ かつ $\sin x < \frac{1}{2}$

(i) より，$\frac{\pi}{6} < x < \frac{\pi}{2}$．(ii) より，$\frac{5}{6}\pi < x < \frac{3}{2}\pi$

以上より，求める解は $\frac{\pi}{6} < x < \frac{\pi}{2}$, $\frac{5}{6}\pi < x < \frac{3}{2}\pi$ ■

63 $\cos\alpha + \cos\beta = \frac{1}{2}$, $\sin\alpha - \sin\beta = \frac{1}{3}$ のとき，$\cos(\alpha+\beta)$ の値を求めよ．

64 $\pi < \alpha < 2\pi$ を満たし，$\cos\alpha = \dfrac{\sqrt{5}}{3}$ であるとき，次の三角関数の値を求めよ．

(1) $\sin\alpha$　(2) $\sin\left(\alpha - \dfrac{\pi}{3}\right)$　(3) $\cos\left(\alpha + \dfrac{\pi}{4}\right)$

(4) $\tan\left(\alpha + \dfrac{\pi}{6}\right)$　(5) $\sin\left(2\alpha + \dfrac{3}{4}\pi\right)$　(6) $\cos\left(2\alpha - \dfrac{\pi}{6}\right)$

65 $\dfrac{3}{2}\pi < \alpha < 2\pi$ を満たし，$\sin\alpha = -\dfrac{4}{5}$ であるとき，次の三角関数の値を求めよ．

(1) $\cos\alpha$　(2) $\sin 2\alpha$　(3) $\sin\dfrac{\alpha}{2}$　(4) $\cos\dfrac{\alpha}{2}$

(5) $\tan\dfrac{\alpha}{2}$　(6) $\sin\dfrac{3}{2}\alpha$　(7) $\cos\dfrac{3}{2}\alpha$　(8) $\sin\dfrac{7}{2}\alpha$

66 次の等式を証明せよ．

(1) $(\sin\theta - \cos\theta)^2 = 1 - \sin 2\theta$　(2) $\cos^4\theta - \sin^4\theta = \cos 2\theta$

(3) $\cos(\alpha + \beta)\cos(\alpha - \beta) = \cos^2\alpha - \sin^2\beta$

67 次の方程式・不等式を解け．ただし，$0 \leqq \theta < 2\pi$ とする．

(1) $\sin 2\theta - \sqrt{3}\cos 2\theta = \sqrt{2}$　(2) $\cos 2\theta + \sin\theta = 1$

(3) $\cos 2\theta < \sin\theta + 1$　(4) $\sin\left(\theta + \dfrac{\pi}{3}\right) \leqq \dfrac{1}{2} + \sin\theta$

68 次の式の値を求めよ．

(1) $\sin 40^\circ \sin 80^\circ \sin 160^\circ$　(2) $\sin 10^\circ + \sin 130^\circ + \sin 290^\circ$

69 α, β, γ は鋭角で，$\tan\alpha = 2, \tan\beta = 5, \tan\gamma = 8$ のとき，$\alpha + \beta + \gamma$ の値を求めよ．

C 発展問題

70 $\triangle$ABC において次の等式が成り立つとき，$\triangle$ABC はどんな三角形か．

(1) $\cos^2 A = \sin^2 B + \cos^2 C$　(2) $a^2\tan^2 B = b^2\tan^2 A$

(3) $\tan A \tan B = 1$　(4) $\cos A + \cos B = \sin C$

解く前に　(1), (2) $\cos^2\theta = 1 - \sin^2\theta$ を利用．(3), (4) 加法定理，和積の公式を利用．

71 $\mathrm{PA}=\mathrm{PB}=\mathrm{PC}=\sqrt{6}$, $\mathrm{BC}=2$, $\mathrm{CA}=3$, $\mathrm{AB}=4$ である四面体PABCについて，次の問いに答えよ．

(1) 点Pから，△ABCを含む平面に下した垂線をPHとする．点Hは△ABCの外心（外接円の中心）であることを示せ．

(2) △ABCの面積 S と外接円の半径 R を求めよ．

(3) 四面体PABCの体積 V を求めよ．

72 $A+B+C=\pi$ のとき，次の等式を証明せよ．

(1) $\sin A-\sin B+\sin C=4\sin\dfrac{A}{2}\cos\dfrac{B}{2}\sin\dfrac{C}{2}$

(2) $\cos A+\cos B+\cos C=4\sin\dfrac{A}{2}\sin\dfrac{B}{2}\sin\dfrac{C}{2}+1$

73 $0\leqq x\leqq\dfrac{\pi}{2}$ のとき，次の方程式・不等式を解け．

(1) $\sin^2 x-2\sqrt{3}\sin x\cos x+3\cos^2 x=1$

(2) $\cos 2x\geqq 2(\cos x-\sin x)$

(3) $\sin x-\sqrt{2}\sin 2x+\sin 3x>0$

74 次の関数の最大値と最小値を求めよ．また，そのときの x の値を求めよ．

(1) $y=\sin x\cos x-\sin^2 x+\dfrac{1}{2}\quad\left(0\leqq x\leqq\dfrac{\pi}{2}\right)$

(2) $y=\cos 2x+\sin\left(\dfrac{\pi}{6}-2x\right)\quad\left(0\leqq x\leqq\dfrac{\pi}{2}\right)$

(3) $y=2(\sin x+\cos x)+2\sin x\cos x+1\quad(0\leqq x\leqq\pi)$

解く前に (3) $t=\sin x+\cos x$ とおくと y は t の2次関数になる．

75 円に内接する四角形ABCDにおいて，$\mathrm{AB}=a$, $\mathrm{BC}=b$, $\mathrm{CD}=c$, $\mathrm{DA}=d$ とするとき，次の問いに答えよ．

(1) 対角線ACの長さ x を求めよ．

(2) 対角線BDの長さ y を求めよ．

(3) $xy=ac+bd$ が成り立つことを示せ．（**トレミーの定理**）

6 図形と式

6.1 平面上の点と座標

2 点間の距離の公式　原点 O$(0,0)$, A(x_1,y_1), B(x_2,y_2) について

$$\mathrm{AB}=\sqrt{(x_2-x_1)^2+(y_2-y_1)^2},\quad \mathrm{OA}=\sqrt{x_1^2+y_1^2}$$

数直線上の内分点・外分点の公式　数直線上に 2 点 A(a), B(b) が与えられ，線分 AB を $m:n$ に内分する点 P(p) の座標，$m:n$ に外分する点 Q(q) の座標および中点 R(r) は

$$p=\frac{na+mb}{m+n},\quad q=\frac{-na+mb}{m-n},\quad r=\frac{a+b}{2}$$

座標平面上の内分点・外分点の公式　座標平面上の 2 点 A(x_1,y_1), B(x_2,y_2) を結ぶ線分 AB を $m:n$ に内分する点 P(p_1,p_2) の座標，$m:n$ に外分する点 Q(q_1,q_2) の座標は

$$\mathrm{P}\left(\frac{nx_1+mx_2}{m+n},\ \frac{ny_1+my_2}{m+n}\right)$$

$$\mathrm{Q}\left(\frac{-nx_1+mx_2}{m-n},\ \frac{-ny_1+my_2}{m-n}\right)$$

特に，線分 AB の中点 R(r_1,r_2) の座標は

$$\mathrm{R}\left(\frac{x_1+x_2}{2},\ \frac{y_1+y_2}{2}\right)$$

三角形の重心の公式　3 点 A(x_1,y_1), B(x_2,y_2), C(x_3,y_3) が頂点の $\triangle$ABC の重心 G の座標は

$$\mathrm{G}\left(\frac{x_1+x_2+x_3}{3},\ \frac{y_1+y_2+y_3}{3}\right)$$

A

1　次の 2 点間の距離を求めよ．　◀教問 6.1

(1)　$A(-2,3)$, $B(1,4)$　(2)　$C(3,-2)$, $D(-3,-1)$

(3)　$O(0,0)$, $E(2,4)$　(4)　$O(0,0)$, $F(5,12)$

2　2 点 $A(-4,2)$, $B(2,5)$ について，次の点の座標を求めよ．　◀教問 6.2

(1)　2 点 A, B から等距離にある y 軸上の点

(2)　2 点 A, B から等距離にある x 軸上の点

3　2 点 $A(4,2)$, $B(3,6)$ について，次の点の座標を求めよ．　◀教問 6.2

(1)　2 点 A, B から等距離にある直線 $y = x$ 上の点 P

(2)　2 点 A, B から等距離にある直線 $y = -x$ 上の点 Q

4　2 点 $A(-3)$, $B(5)$ を結ぶ線分 AB について，次の点の座標を求めよ．

◀教問 6.3

(1)　$2:3$ に内分する点 $P(p)$　(2)　中点 $Q(q)$

(3)　$5:2$ に外分する点 $R(r)$　(4)　$3:4$ に外分する点 $S(s)$

5　2 点 $A(-3,1)$, $B(2,5)$ を結ぶ線分 AB について，次の点の座標を求めよ．

◀教問 6.4

(1)　$2:3$ に内分する点 P　(2)　中点 Q

(3)　$1:4$ に外分する点 R　(4)　$5:3$ に外分する点 S

6　3 点 $A(2,3)$, $P(-4,1)$, $Q(x,y)$ について，点 A が線分 PQ を $2:1$ に内分するように点 Q の座標を求めよ．　◀教問 6.5

7　次の 3 点 A, B, C を頂点とする $\triangle ABC$ の重心 G の座標を求めよ．

◀教問 6.6

(1)　$A(1,2)$, $B(-3,-4)$, $C(4,-3)$　(2)　$A(-3,2)$, $B(-5,-3)$, $C(4,1)$

8　3 点 $A(3,1)$, $B(-1,2)$, C を頂点とする $\triangle ABC$ の重心の座標が $G(-1,-1)$ であるとき，頂点 C の座標を求めよ．　◀教問 6.6

B

例題 6.1　$\triangle ABC$ の3辺 AB, BC, CA の中点がそれぞれ $P(3,-2)$, $Q(2,1)$, $R(-1,2)$ であるとき，頂点 A, B, C の座標を求めよ．

解　$A(x_1,y_1)$, $B(x_2,y_2)$, $C(x_3,y_3)$ とおくとき，

$$P\left(\frac{x_1+x_2}{2},\ \frac{y_1+y_2}{2}\right),\ Q\left(\frac{x_2+x_3}{2},\ \frac{y_2+y_3}{2}\right),\ R\left(\frac{x_3+x_1}{2},\ \frac{y_3+y_1}{2}\right)$$

条件から

$$\frac{x_1+x_2}{2}=3,\qquad \frac{x_2+x_3}{2}=2,\qquad \frac{x_3+x_1}{2}=-1 \quad ①$$

$$\frac{y_1+y_2}{2}=-2,\qquad \frac{y_2+y_3}{2}=1,\qquad \frac{y_3+y_1}{2}=2 \quad ②$$

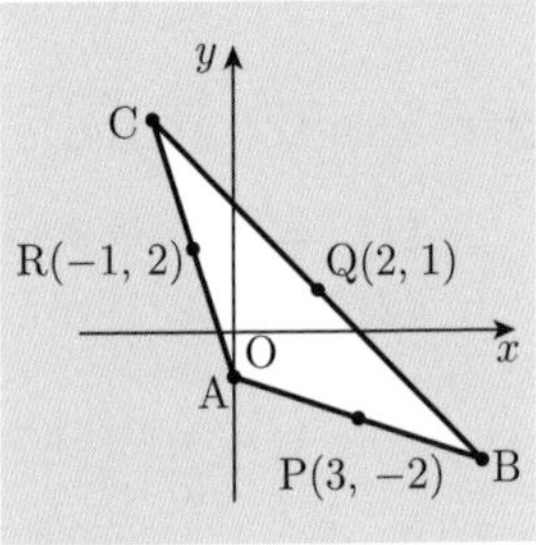

①より，$x_1=0$, $x_2=6$, $x_3=-2$ となり，②より，$y_1=-1$, $y_2=-3$, $y_3=5$ となる．

以上より $A(0,-1)$, $B(6,-3)$, $C(-2,5)$　■

例題 6.2　3点 $A(2,1)$, $B(-5,2)$, $C(1,2)$ から等距離にある点の座標を求めよ．

解　求める点を $P(x,y)$ とおくと，条件から

$$AP=BP,\quad BP=CP$$

が成り立つ．

$$AP^2=BP^2,\quad BP^2=CP^2$$

となることより

$$(x-2)^2+(y-1)^2=(x+5)^2+(y-2)^2 \quad ①$$

$$(x+5)^2+(y-2)^2=(x-1)^2+(y-2)^2 \quad ②$$

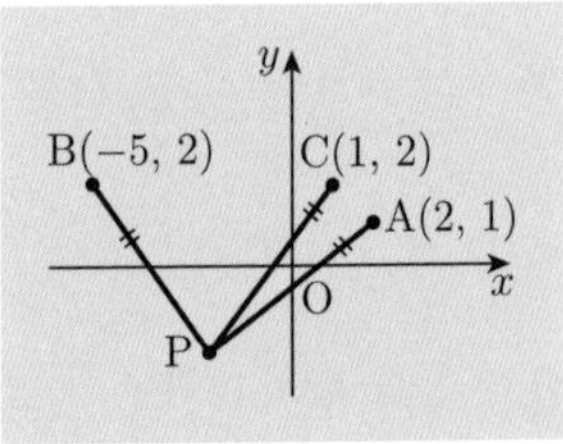

①を整理すると

$$7x-y=-12 \quad ③$$

②を整理すると $x=-2$ となる．このとき③に代入して $y=-2$ となる．

ゆえに $P(-2,-2)$　■

9　△ABC の 3 辺 AB, BC, CA を 1 : 2 の比に内分する点がそれぞれ P(0, −1), Q(1, 1), R(−1, 2) であるとき，頂点 A, B, C の座標を求めよ．

10　△ABC の 3 辺 AB, BC, CA を 2 : 1 の比に外分する点がそれぞれ P(2, 1), Q(−2, 3), R(−3, −2) であるとき，頂点 A, B, C の座標を求めよ．

11　4 点 A(2, 4), B(−3, −4), C(2, 0), D を頂点とする平行四辺形 ABCD がある．このとき次の点の座標を求めよ．

(1)　対角線の交点 P　　(2)　頂点 D

解く前に　座標平面上に A, B, C の点をかいてみると平行四辺形 ABCD の頂点 D は第 1 象限にあることがわかる．

12　点 A(−2, 1) に関して，点 P(4, −2) と対称な点 Q の座標を求めよ．

13　3 点 A(0, 2), B(2, 5) と x 軸上の点 C を頂点とする △ABC が直角三角形になるように点 C の座標を求めよ．

解く前に　座標平面上に A, B の点をかき，x 軸上に点 C をとる．このとき，点 C を動かして △ABC が直角三角形になるのは $A = 90^\circ$ のときと $B = 90^\circ$ のときの 2 通りあることに注意する．

14　3 点 A(2, 1), B(−1, −3), C(6, −2) を頂点とする △ABC は直角二等辺三角形であることを示せ．

15　△ABC において，辺 AB, BC, CA を 3 : 2 に内分する点をそれぞれ D, E, F とするとき △ABC と △DEF の重心は一致することを証明せよ．

解く前に　△ABC の各頂点の座標を A(x_1, y_1), B$(-3x_2, 0)$, C$(2x_2, 0)$ とおいて証明すればよい．

6.2 直線の方程式

傾きと1点が与えられた場合の直線の方程式

(1)　点 (x_1, y_1) を通り，傾き m の直線の方程式は $y - y_1 = m(x - x_1)$

(2)　点 (x_1, y_1) を通り，y 軸に平行な直線の方程式は $x = x_1$

2点が与えられた場合の直線の方程式　2点 (x_1, y_1), (x_2, y_2) が与えられた場合の直線の方程式は

(1)　$x_1 \neq x_2$ のとき，$y - y_1 = \dfrac{y_2 - y_1}{x_2 - x_1}(x - x_1)$

(2)　$x_1 = x_2$ のとき，$x = x_1$

直線の方程式　直線の方程式は a, b, c を定数としたとき，一般に

$$ax + by + c = 0 \quad (a \neq 0 \text{ あるいは } b \neq 0)$$

2直線の関係　2直線 $l_1 : y = mx + n$, $l_2 : y = m'x + n'$ について

(1)　$l_1 /\!/ l_2 \iff m = m'$

(2)　$l_1 \perp l_2 \iff mm' = -1$

A

16　次の直線の方程式を求めよ．　◀教 例 6.4

(1)　傾きが -3，y 切片が4の直線

(2)　傾きが $\dfrac{2}{3}$ で，点 $\mathrm{P}(-2, 3)$ を通る直線

17　次の2点を通る直線の方程式を求めよ．　◀教 問 6.7

(1)　$\mathrm{A}(-3, 2)$, $\mathrm{B}(1, 4)$　　(2)　$\mathrm{C}(-1, -2)$, $\mathrm{D}(3, 5)$

(3)　$\mathrm{E}(1, 4)$, $\mathrm{F}(1, -2)$　　(4)　$\mathrm{G}(-5, 3)$, $\mathrm{H}(7, 3)$

18　2直線

$$l_1 : 2x - y + 5 = 0, \quad l_2 : x - 3y + 10 = 0$$

の交点と点 $\mathrm{P}(2, -1)$ を通る直線の方程式を求めよ．　◀教 問 6.8

19　点 $\mathrm{P}(1, -3)$ を通り，次の直線と平行な直線と垂直な直線の方程式を求めよ．

◀教問 **6.9**

(1)　$4x + y = 1$　　(2)　$x + 3y = 2$　　(3)　$y = 5$　　(4)　$x = -3$

20　2 点 $\mathrm{A}(-3, -2)$, $\mathrm{B}(4, 3)$ について，次の問いに答えよ．　◀教問 **6.10**

(1)　線分 AB の垂直な 2 等分線を求めよ．

(2)　線分 AB を $1 : 2$ に内分する点を通り，線分 AB に垂直な直線の方程式を求めよ．

B

例題 6.3　直線 l: $x - y - 1 = 0$ について，点 $\mathrm{P}(5, 1)$ と対称な点 Q の座標を求めよ．

解　求める点を $\mathrm{Q}(a, b)$ とおく．まず, $\mathrm{PQ} \perp l$ より

$$\frac{b-1}{a-5} = -1 \quad \text{すなわち} \quad a + b = 6 \qquad ①$$

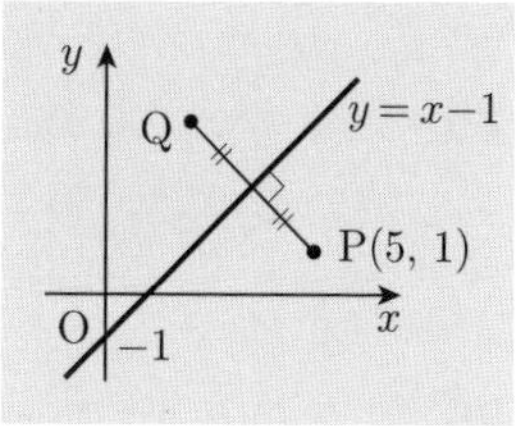

次に，線分 PQ の中点が直線 l 上にあることから

$$\frac{b+1}{2} = \frac{a+5}{2} - 1 \quad \text{すなわち} \quad a - b = -2 \ ②$$

① + ② より $2a = 4$ となり $a = 2$，①より $b = 4$

ゆえに $\mathrm{Q}(2, 4)$　■

例題 6.4　定数 k がどのような値であっても次の直線の方程式は定点を通るという．このとき，その定点の座標を求めよ．

$$-2x + y + 3 + (x + 3y - 4)k = 0$$

解　与式が k の値に関わらず成立するためには

$$\begin{cases} -2x + \ \ y + 3 = 0 \\ \ \ \ \ x + 3y - 4 = 0 \end{cases}$$

のときである．これを解くと $x = \dfrac{13}{7}$, $y = \dfrac{5}{7}$ となり，求める定点は $\left(\dfrac{13}{7}, \dfrac{5}{7}\right)$　■

21　直線 l: $2x+y-1=0$ について，点 $\mathrm{A}(3,4)$ と対称な点 B の座標を求めよ．

22　次の 3 点が一直線上にあるように定数 a の値を定めよ．

(1)　$\mathrm{A}(1,2)$, $\mathrm{B}(5,-2)$, $\mathrm{C}(a,6)$

(2)　$\mathrm{A}(a+1,4)$, $\mathrm{B}(2,-5)$, $\mathrm{C}(1,a)$

23　3 点 $\mathrm{A}(4,2)$, $\mathrm{B}(8,4)$, $\mathrm{C}(7,6)$ について，$\triangle\mathrm{ABC}$ の面積を次の手順で求めよ．

(1)　点 A を通り直線 BC と垂直に交わる直線の方程式を求めよ．

(2)　(1) で求めた直線と直線 BC との交点の座標を求めよ．

(3)　$\triangle\mathrm{ABC}$ の面積を求めよ．

24　3 直線 l_1: $2x-y+1=0$, l_2: $3x+2y-1=0$, l_3: $\alpha x+2y-4=0$ が 1 点で交わるように定数 α の値を定めよ．また，このときの交点の座標を求めよ．

25　定数 k がどのような値であっても次の直線は定点を通るという．このとき，その定点の座標を求めよ．

$$(2k+1)x+(k+3)y+2k-1=0$$

26　3 点 $\mathrm{O}(0,0)$, $\mathrm{A}(x_1,y_1)$, $\mathrm{B}(x_2,y_2)$ を頂点とする $\triangle\mathrm{OAB}$ がある．このとき，次の問いに答えよ．

(1)　点 B と直線 OA との距離 d を x_1, y_1, x_2, y_2 を用いて表せ．ただし点 P と直線 l との距離は，点 P から直線 l へ垂線を下ろしたときの直線 l との交点までの距離とする．

(2)　$\triangle\mathrm{OAB}$ の面積は $\dfrac{1}{2}|x_1y_2-x_2y_1|$ で表されることを示せ．

解く前に　点と直線の距離は教科書の演習問題 B の 11 の公式を利用すれば簡単に求められる．

6.3　軌跡と 2 次曲線

軌跡と軌跡の方程式　平面上で，ある条件を満たしながら動く点 $\mathrm{P}(x,y)$ が描《えが》く図形を点 $\mathrm{P}(x,y)$ の軌跡といい，この x, y の関係式を軌跡の方程式という．

$f(x,y)=0$ の平行移動　方程式 $f(x,y)=0$ で与えられる曲線 C を x 軸方向へ p，y 軸方向へ q だけ平行移動して得られる曲線 C' を表す方程式は

$$f(x-p,y-q)=0$$

2 次曲線と直線の共有点の個数　2 次曲線と直線の共有点の個数は一方の文字を消去して得られた 2 次方程式の実数解の個数と一致する．

円の方程式　中心 $\mathrm{C}(a,b)$，半径 r の円の方程式は $(x-a)^2+(y-b)^2=r^2$
特に，中心が原点 $\mathrm{O}(0,0)$，半径 r の円の方程式は $x^2+y^2=r^2$

楕円の方程式（横長の楕円）

楕円の方程式 $\dfrac{x^2}{a^2}+\dfrac{y^2}{b^2}=1$ $(a>b>0)$

[I]　(1)　長軸の長さは $2a$, 短軸の長さは $2b$

(2)　焦点は $\mathrm{F}(c,0)$, $\mathrm{F}'(-c,0)$
ただし $a^2=b^2+c^2$

(3)　2 つの焦点からの距離の和が $2a$ である点の軌跡

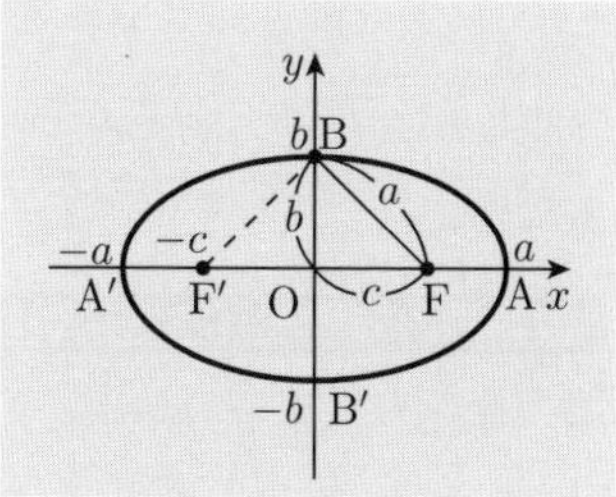

楕円の方程式（縦長の楕円）

楕円の方程式 $\dfrac{x^2}{a^2}+\dfrac{y^2}{b^2}=1$ $(b>a>0)$

[II]　(1)　長軸の長さは $2b$, 短軸の長さは $2a$

(2)　焦点は $\mathrm{F}(0,c)$, $\mathrm{F}'(0,-c)$
ただし $b^2=a^2+c^2$

(3)　2 つの焦点からの距離の和が $2b$ である点の軌跡

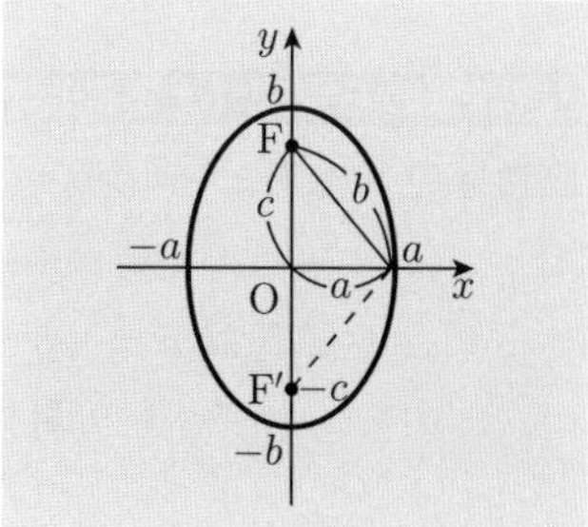

双曲線の方程式（左右に現れる双曲線）

双曲線の方程式 $\dfrac{x^2}{a^2}-\dfrac{y^2}{b^2}=1$ $(a,b>0)$

［I］ (1) 焦点の座標は $\mathrm{F}(c,0)$, $\mathrm{F}'(-c,0)$

ただし $c^2=a^2+b^2$

(2) 漸近線は $y=\pm\dfrac{b}{a}x$

(3) 2つの焦点からの距離の差が $2a$ である点の軌跡

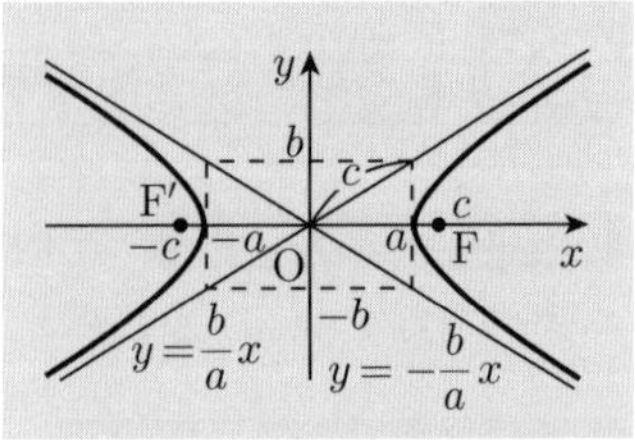

双曲線の方程式（上下に現れる双曲線）

双曲線の方程式 $\dfrac{x^2}{a^2}-\dfrac{y^2}{b^2}=-1$ $(a,b>0)$

［II］ (1) 焦点の座標は $\mathrm{F}(0,c)$, $\mathrm{F}'(0,-c)$

ただし $c^2=a^2+b^2$

(2) 漸近線は $y=\pm\dfrac{b}{a}x$

(3) 2つの焦点からの距離の差が $2b$ である点の軌跡

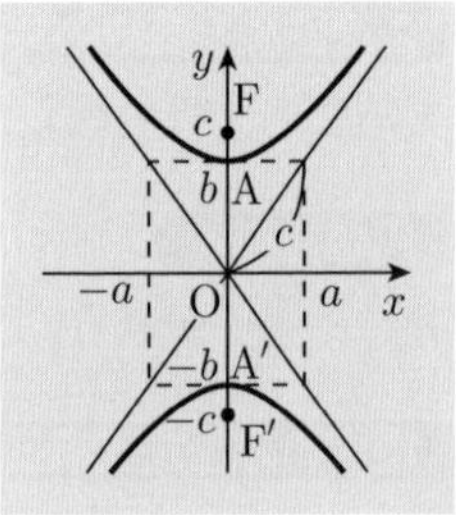

放物線の方程式（左右に現れる放物線）

放物線の方程式 $y^2=4px$

［I］ (1) 焦点の座標は $(p,0)$

(2) 準線は $x=-p$

(3) x 軸について対称

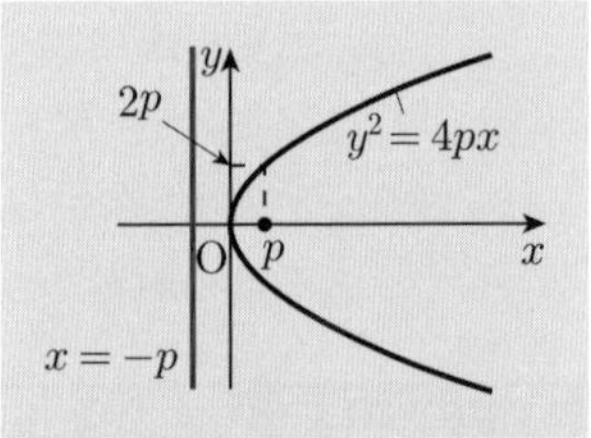

放物線の方程式（上下に現れる放物線）

放物線の方程式 $x^2=4py$

［II］ (1) 焦点の座標は $(0,p)$

(2) 準線は $y=-p$

(3) y 軸について対称

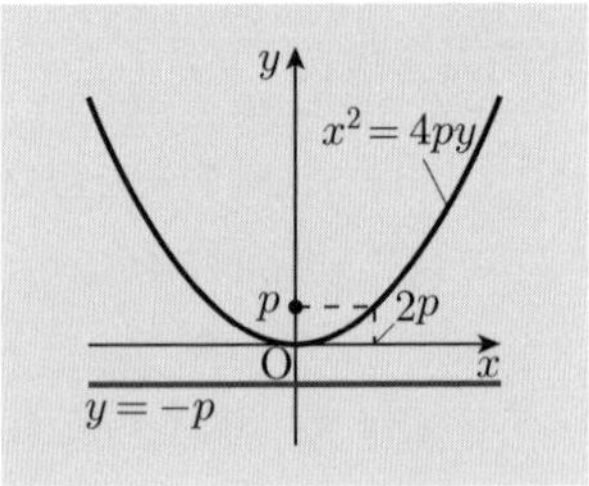

A

27 2 点 A$(2,4)$, B$(4,3)$ について，$\mathrm{AP} = \mathrm{BP}$ を満たす点 P の軌跡を求めよ．

◀教問 6.11

28 次の円の方程式を求めよ．

◀教問 6.12

(1) 中心が C$(-2,1)$ で，半径が 3 の円

(2) 中心が C$(2,3)$ で，点 A$(4,-1)$ を通る円

(3) 2 点 A$(-3,2)$, B$(1,-4)$ を直径の両端とする円

29 次の式が表す図形を求めよ．

◀教問 6.13

(1) $x^2+y^2-4x+9y+4=0$　　(2) $x^2+y^2+4x-5y+1=0$

(3) $x^2+y^2-4x+6y+13=0$　　(4) $x^2+y^2+2x-4y+7=0$

30 次の円の方程式を求めよ．

◀教問 6.14

(1) 3 点 $(3,-1)$, $(-1,5)$, $(-2,0)$ を通る円

(2) 中心が x 軸上にあり，2 点 $(1,5)$, $(7,1)$ を通る円

(3) 中心が y 軸上にあり，2 点 $(1,1)$, $(3,5)$ を通る円

31 2 点 A$(0,-3)$, B$(0,2)$ からの距離の比が $\mathrm{AP}:\mathrm{BP} = 2:3$ である点 P の軌跡を求めよ．

◀教問 6.15

32 次の楕円の長軸の長さ，短軸の長さ，および焦点の座標を求めよ．またその概形をかけ．

◀教問 6.16, 6.18

(1) $\dfrac{x^2}{5}+y^2=1$　　(2) $3x^2+4y^2=12$　　(3) $9x^2+4y^2=36$

33 次の楕円の方程式を求めよ．

◀教問 6.17, 6.19

(1) 2 点 $(3,0)$, $(-3,0)$ を焦点として，2 つの焦点からの距離の和が 8 である楕円

(2) 2 点 $(0,\sqrt{7})$, $(0,-\sqrt{7})$ を焦点として，2 つの焦点からの距離の和が 6 である楕円

34 点 A$(0,1)$ からの距離と直線 $y=4$ からの距離の比が $1:2$ であるような点 P(x,y) の軌跡を求めよ．

◀教問 6.20

35 次の双曲線の焦点の座標と漸近線を求めよ．またその概形をかけ．

教問 6.21, 6.23

(1) $\dfrac{x^2}{16}-\dfrac{y^2}{9}=1$ (2) $4x^2-9y^2=36$ (3) $x^2-3y^2=-3$

36 次の双曲線の方程式を求めよ． 教問 6.22, 6.24

(1) 2 点 $(2\sqrt{3},0)$, $(-2\sqrt{3},0)$ を焦点として，2 つの焦点からの距離の差が 4 である双曲線

(2) 2 点 $(0,\sqrt{14})$, $(0,-\sqrt{14})$ を焦点として，2 つの焦点からの距離の差が 6 である双曲線

37 点 $\mathrm{A}(0,4)$ からの距離と直線 $y=1$ からの距離の比が $2:1$ であるような点 $\mathrm{P}(x,y)$ の軌跡を求めよ． 教問 6.25

38 次の放物線の焦点の座標と準線を求めよ．またその概形をかけ．

教問 6.26

(1) $y^2=16x$ (2) $x=-2y^2$ (3) $x^2=4y$

39 焦点が $\left(\dfrac{1}{3},\ 0\right)$，準線が直線 $x=-\dfrac{1}{3}$ である放物線の方程式を求めよ．

教問 6.27, 6.28

40 次の曲線を x 軸方向に -1，y 軸方向に 2 平行移動した方程式を求めよ．

教問 6.29

(1) $x^2+\dfrac{y^2}{4}=1$

(2) $\dfrac{x^2}{4}-\dfrac{y^2}{9}=-1$

(3) $(y+2)^2=2(x-1)$

41 点 $\mathrm{A}(0,1)$ からの距離と直線 $y=4$ からの距離の比が $2:1$ であるような点 $\mathrm{P}(x,y)$ の軌跡を求めよ． 教問 6.30

42 次の 2 次曲線と直線の共有点の座標を求めよ． 教問 6.31

(1) 楕円 $4x^2+y^2=4$ と直線 $y=x-1$ の共有点

(2) 双曲線 $x^2-y^2=1$ と直線 $y=2x-2$ の共有点

(3) 放物線 $y^2=4x$ と直線 $y=x-1$ の共有点

43　直線 $y = 2x + k$ が円 $(x-1)^2 + y^2 = 4$ と接するように定数 k の値を定めよ．

教問 **6.32**

44　次の 2 次曲線と直線の共有点の個数を調べよ．

教問 **6.33**

(1)　楕円 $9x^2 + y^2 = 9$ と直線 $y = -x + k$

(2)　双曲線 $x^2 - 4y^2 = 4$ と直線 $y = 2x + k$

(3)　放物線 $y^2 = x$ と直線 $y = x + k$

B

例題 6.5　円 $x^2 + y^2 = r^2$（$r > 0$）上の点 $\mathrm{P}(x_1, y_1)$ における接線の方程式 l は

$$l : x_1x + y_1y = r^2$$

で与えられることを示せ．

解　〔$\mathrm{P}(x_1, y_1)$ が座標軸上にない場合〕　線分 OP の傾きは $\dfrac{y_1}{x_1}$ であり，線分 OP と接線 l は直交しているので，l の傾きは $-\dfrac{x_1}{y_1}$ である．

よって接線の方程式 l は

$$y - y_1 = -\frac{x_1}{y_1}(x - x_1)$$

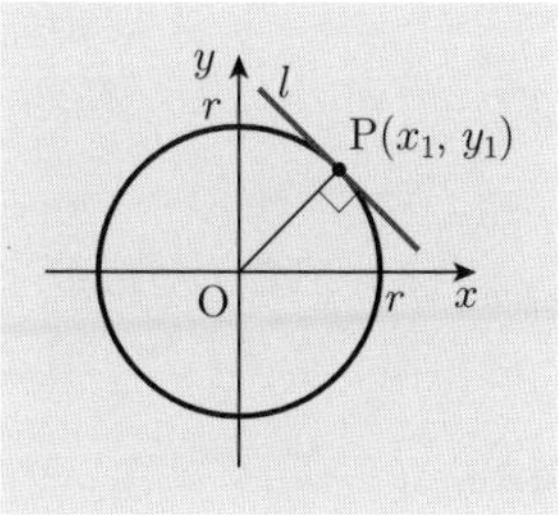

両辺に y_1 を掛け整理すると

$$x_1x + y_1y = x_1^2 + y_1^2 \qquad ①$$

点 $\mathrm{P}(x_1, y_1)$ は円 $x^2 + y^2 = r^2$ 上の点であるので，$x_1^2 + y_1^2 = r^2$ である．これを①に代入すれば，求める接線 l の方程式は

$$x_1x + y_1y = r^2 \qquad ②$$

〔点 $\mathrm{P}(x_1, y_1)$ が座標軸上にある場合〕　$\mathrm{P}(x_1, y_1) = (\pm r, 0)$, $(0, \pm r)$ となり②に代入するとそれぞれ $x = \pm r$, $y = \pm r$（複号同順）となる．これはこの場合の接線の方程式である．

ゆえに，接線の方程式 l は

$$x_1x + y_1y = r^2$$

■

例題 6.6 次の 2 次曲線はどのような曲線か.

$$9x^2+4y^2-18x+16y-11=0$$

解 与式 $\iff 9(x^2-2x)+4(y^2+4y)-11=0$ $\longleftarrow$ x, y **にわける**

$$\iff 9(x^2-2x+1-1)+4(y^2+4y+4-4)-11=0$$

$$\iff 9\{(x-1)^2-1\}+4\{(y+2)^2-4\}-11=0$$

$$\iff 9(x-1)^2+4(y+2)^2=36 \iff \frac{(x-1)^2}{4}+\frac{(y+2)^2}{9}=1$$

よって, 楕円 $\dfrac{x^2}{4}+\dfrac{y^2}{9}=1$ を x 軸方向に 1, y 軸方向に -2 だけ平行移動した曲線である. ■

45 次の 2 次曲線の接線のうち, 点 P$(0,4)$ を通るものを求めよ.

(1) $x^2+y^2=1$ (2) $x^2+\dfrac{y^2}{4}=1$ (3) $y^2=x$

46 円 $x^2+y^2=4$ の接線のうち点 P$(3,0)$ を通る接線の方程式を求めよ.

47 円 C: $(x-2)^2+(y-1)^2=1$ と直線 l: $y=mx$ $(m\neq 0)$ について, 次の問いに答えよ.

(1) 直線 l が円 C と接するように定数 m の値を定めよ.

(2) 直線 l が円 C と共有点をもつように定数 m の値の範囲を定めよ.

48 円 $(x+1)^2+(y-2)^2=8$ 上の点 P$(1,0)$ における接線の方程式を求めよ.

解く前に 円の中心は C$(-1,2)$ であり, 線分 CP と求める接線の方程式 l が直交しているという事実から接線の傾きがわかる.

49 円 C: $(x-2)^2+(y-3)^2=4$ と直線 l: $y=x-1$ について, 次の問いに答えよ.

(1) 円 C と直線 l の交点の座標を求めよ.

(2) 円 C が直線 l から切り取る線分の長さを求めよ.

(3) (2) の線分を直径とする円の方程式を求めよ.

50　中心が直線 $y = x$ 上にあり，2 点 $\mathrm{P}(4,3)$, $\mathrm{Q}(-2,-1)$ を通る円の方程式を求めよ．

51　次の円の方程式を求めよ．

(1)　直線 $y = x$ に対し，円 $x^2 + y^2 - 6x - 4y + 4 = 0$ と対称な円

(2)　点 $(-4, 2)$ を通り両座標軸に接する円

(3)　円 $(x-4)^2 + (y-4)^2 = 8$ 上に中心があり，両座標軸に接する円

52　次の 2 次曲線の焦点の座標を求め，その概形をかけ．

(1)　$\dfrac{(x-2)^2}{9} + \dfrac{(y+1)^2}{4} = 1$　　(2)　$\dfrac{(x-3)^2}{16} - \dfrac{(y-2)^2}{9} = 1$

(3)　$\dfrac{(x-1)^2}{4} - (y-3)^2 = -1$　　(4)　$(y-1)^2 = 4(x-2)$

53　次の 2 次曲線はどのような曲線か．

(1)　$x^2 + 4y^2 - 2x - 3 = 0$

(2)　$4x^2 - 9y^2 - 16x + 54y - 29 = 0$

(3)　$y^2 + 6y = 2x - 17$

54　次の 2 次曲線の方程式を求めよ．

(1)　焦点が $(5,1)$, $(-1,1)$，長軸の長さが 10 の楕円

(2)　焦点の 1 つが $(4,1)$，漸近線が $y = x - 1$, $y = -x + 3$ の双曲線

(3)　焦点が $(0,2)$，頂点が $(-1,2)$ の放物線

解く前に　与えられた条件より，2 次曲線の標準形がどのように平行移動したか考えればよい．

55　円 $x^2 + y^2 = 4$ を x 軸をもとにして y 軸方向に $\dfrac{3}{2}$ 倍に拡大する，すなわち $(x,y) \to \left(x,\ \dfrac{3}{2}y\right)$ とするとき，どのような曲線になるか求めよ．

56　長さが 4 の線分 AB の端点 A は x 軸上を動き，端点 B は y 軸上を動くとき，線分 AB を $3:1$ に内分する点 P の軌跡を求めよ．

57　双曲線 $x^2 - y^2 = 1$ と直線 $y = 3x + 5$ が交わってできる弦の中点の座標を求めよ．

6.4 不等式と領域

直線の領域　定義域が実数全体である関数 $y = f(x)$ について

(1)　不等式 $y > f(x)$ が表す領域は関数 $y = f(x)$ のグラフの上側の部分.

(2)　不等式 $y < f(x)$ が表す領域は関数 $y = f(x)$ のグラフの下側の部分.

円の領域　円 $C : (x-a)^2 + (y-b)^2 = r^2$ について

(1)　不等式 $(x-a)^2 + (y-b)^2 < r^2$ が表す領域は円 C の内部である.

(2)　不等式 $(x-a)^2 + (y-b)^2 > r^2$ が表す領域は円 C の外部である.

A

58　次の不等式が表す領域を図示せよ.　◀教問 6.34

(1)　$x < -1$　　(2)　$y < -3$

(3)　$y > \dfrac{1}{2}x - 2$　　(4)　$y \geqq x^2 - 5x + 6$

(5)　$y < -2x^2 - 4x + 1$　　(6)　$x^2 - 4x + y^2 - 6y + 4 > 0$

59　次の連立不等式が表す領域を図示せよ.　◀教問 6.35

(1)　$\begin{cases} y \geqq 0 \\ y \leqq 2x \end{cases}$　　(2)　$\begin{cases} y < x \\ y > \dfrac{1}{2}x \end{cases}$

(3)　$\begin{cases} y \geqq -x \\ y \leqq 2x \\ y \leqq -3x + 4 \end{cases}$　　(4)　$\begin{cases} y \geqq x - 1 \\ y \leqq -x^2 + 3 \end{cases}$

(5)　$\begin{cases} y \leqq -x^2 + 3 \\ y \geqq x^2 - 1 \end{cases}$　　(6)　$\begin{cases} y < -(x-1)^2 + 3 \\ y > \dfrac{1}{2}x^2 - 2 \end{cases}$

(7)　$\begin{cases} y \leqq -x^2 + 2 \\ y \geqq x^4 \end{cases}$　　(8)　$\begin{cases} y \leqq x^3 \\ y \geqq x^2 + x - 1 \end{cases}$

60　次の連立不等式が表す領域を図示せよ．　◀教問 6.36

(1)　$\begin{cases} y > x - 1 \\ x^2 + y^2 < 4 \end{cases}$　　(2)　$\begin{cases} y < -x^2 + 1 \\ x^2 + (y-1)^2 < 9 \end{cases}$

(3)　$\begin{cases} y < -(x-1)^2 - 3 \\ (x-1)^2 + (y+3)^2 > 9 \end{cases}$　　(4)　$\begin{cases} (x-1)^2 + y^2 > 1 \\ x^2 + y^2 < 4 \end{cases}$

(5)　$\begin{cases} x^2 + y^2 \geqq 1 \\ x^2 + y^2 \leqq 9 \end{cases}$　　(6)　$\begin{cases} (x-3)^2 + (y+3)^2 > 1 \\ (x-4)^2 + (y+3)^2 < 9 \end{cases}$

61　次の灰色部分の領域を連立不等式で表せ．　◀教問 6.35, 6.36

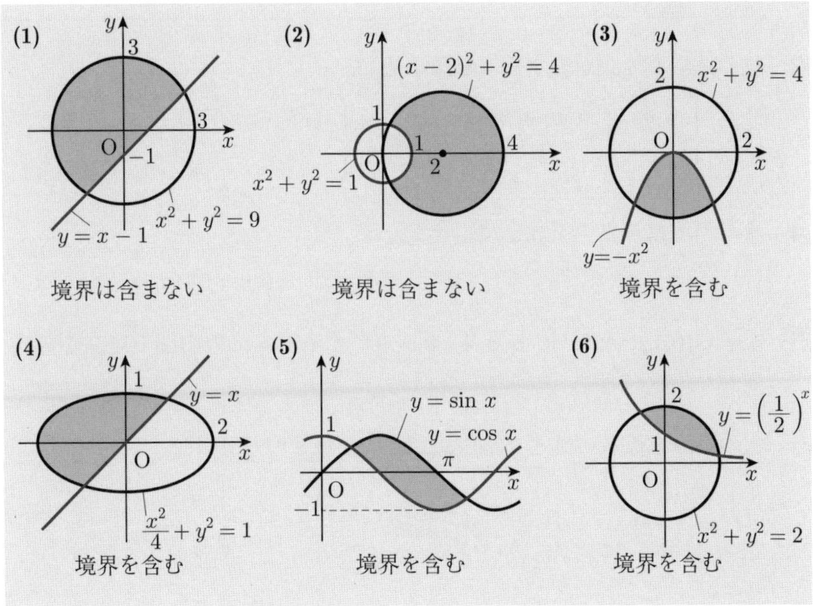

62　次の 4 つの不等式を満たす x, y について，次の問いに答えよ．　◀教問 6.37

$$x \geqq 0, \quad y \geqq 0, \quad 4x + 5y \leqq 20, \quad x + 2y \leqq 6$$

(1)　$3x + 5y$ の最大値・最小値およびそれらを与える x, y の値を求めよ．

(2)　$x + y$ の最大値・最小値およびそれらを与える x, y の値を求めよ．

B

例題 6.7　次の不等式が表す領域を図示せよ．

$$y^2 - x^2 < 0$$

解　与式は $(y-x)(y+x) < 0$ とかけるので

$$\begin{cases} y-x<0 \\ y+x>0 \end{cases} \cdots ①　または　\begin{cases} y-x>0 \\ y+x<0 \end{cases} \cdots ②$$

と2つの場合が考えられる．これより求める領域は①と②の領域を合わせた右図の濃い灰色部分の領域であり，境界は含まない． ■

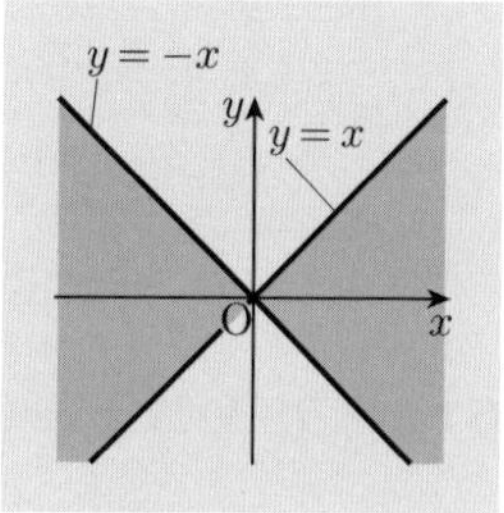

63　次の連立不等式が表す領域を図示せよ．

(1) $\begin{cases} y \geqq x^2 - 4x + 3 \\ x^2 - 6x + y^2 < 0 \end{cases}$　(2) $\begin{cases} y > -x^2 + 4x - 3 \\ x^2 + y^2 - 6x - 4y + 9 \leqq 0 \end{cases}$

64　次の不等式が表す領域を図示せよ．

(1) $(2x-y)(x+y-2) > 0$　(2) $x(x-y+2) > 0$

65　3点 $\mathrm{O}(0,0)$, $\mathrm{A}(7,0)$, $\mathrm{B}(3,4)$ を頂点とする三角形の内部を連立不等式で表せ．

66　次の不等式あるいは連立不等式が表す領域を図示せよ．

(1) $y > |x|$　(2) $y > |x^2 - 4x + 3|$　(3) $\begin{cases} y \leqq |x| \\ y \geqq |-x^2 + 1| \end{cases}$

67　次の3つの不等式について，$x^2 + y^2$ の最大値・最小値を求めよ．また，それらを与える x, y の値を定めよ．

$$x \leqq 4, \quad y \leqq 4, \quad y \geqq -x + 4$$

68　$y \geqq -2x + 2$ のとき，$x^2 + y^2$ の最小値とそれを与える x, y の値を求めよ．

C 発展問題

69 任意の実数 t について，2 点 $\mathrm{A}(t, 2t^2)$ と $\mathrm{B}(t, 3t-2)$ は異なる点であることを証明せよ．

70 $\triangle\mathrm{ABC}$ において，辺 BC の中点を M とするとき，次の式が成り立つことを証明せよ．

$$\mathrm{AB}^2 + \mathrm{AC}^2 = 2(\mathrm{AM}^2 + \mathrm{BM}^2)$$

71 座標平面上に 3 点 O, A, B がある．$\mathrm{O}(0,0)$, $\mathrm{A}(1,1)$ であり，B は第 2 象限にあるとする．$\triangle\mathrm{OAB}$ が正三角形であるとき，点 B の座標を求めよ．

72 2 点 $\mathrm{A}(-3,-2)$, $\mathrm{B}(2,9)$ と直線 l: $y = 2x$ があり，点 P は直線 l 上を動くものとする．このとき $\mathrm{AP}+\mathrm{PB}$ が最小となる点 P の座標を次の手順で求めよ．

(1) 直線 l について，点 B と対称な点 C の座標を求めよ．

(2) $\mathrm{AP}+\mathrm{PB}$ が最小となる点 P の座標を求めよ．

73 $y = |2x|$ と $y = -x+3$ で囲まれる図形の面積を求めよ．

74 座標平面上に 2 点 $\mathrm{A}(12,0)$, $\mathrm{B}(0,5)$ をとる．また，O と A の中点を L，A と B の中点を M，B と O の中点を N とする．さらに，$\triangle\mathrm{OAB}$ の内接円を C_1，$\triangle\mathrm{LMN}$ の外接円を C_2 とするとき，次の座標を求めよ．

(1) 円 C_1 の半径 r_1 と中心 P_1 の座標

(2) 円 C_2 の半径 r_2 と中心 P_2 の座標

75 方程式 $y = -x^2 + 4x$ で表される放物線を C_1 とする．放物線 C_1 と x 軸とで囲まれた図形の内部にある円で放物線 C_1 と x 軸に 3 点で接するものを C_2 とするとき，円 C_2 の方程式を求めよ．

76 xy 平面上に 2 点 $\mathrm{O}(0,0)$, $\mathrm{A}(1,0)$ がある．$a > 0$ とするとき，

$$\mathrm{OP} : \mathrm{AP} = 1 : a$$

を満たす点 P の軌跡を求めよ．（名古屋大学）

77 楕円 $\dfrac{x^2}{a^2}+\dfrac{y^2}{b^2}=1$ 上の点 $\mathrm{P}(x_1, y_1)$ における接線の方程式は次式で与えられることを示せ.

$$\frac{x_1x}{a^2}+\frac{y_1y}{b^2}=1$$

78 双曲線 $\dfrac{x^2}{a^2}-\dfrac{y^2}{b^2}=1$ 上の点 $\mathrm{P}(x_1, y_1)$ における接線の方程式は次式で与えられることを示せ.

$$\frac{x_1x}{a^2}-\frac{y_1y}{b^2}=1$$

79 楕円 $\dfrac{x^2}{16}+\dfrac{y^2}{4}=1$ 上の点と点 $\mathrm{A}(2, 0)$ との距離の最小値を求めよ.

80 放物線 $y^2=8x$ 上の点 Q と点 $\mathrm{A}(6, 0)$ を結ぶ線分 AQ の中点 P の軌跡を求めよ.

81 x 軸に接し, 円 $x^2+(y-3)^2=1$ に外接する円の中心 P の軌跡を求めよ.

82 $\mathrm{A}(-1, 5)$, $\mathrm{B}(2, -1)$ に対して, 直線 $y=(b-a)x-(3b+a)$ が線分 AB と共有点をもつとする. ただし a, b は実数とする. このとき, 点 $\mathrm{P}(a, b)$ の存在する領域を図示せよ. (茨城大学)

83 $x^2+y^2-1<0$ であれば $x^2+4x+y^2-5<0$ であることを証明せよ.

84 不等式 $(3x-y)(x^2+y^2-1) \leqq 0$ の表す領域を D とする. ここで, 点 $\mathrm{P}(x, y)$ がこの領域 D 内を動くとき, 点 P と点 $\mathrm{A}(2, 1)$ の距離の最小値を求めよ.

85 直線 l : $y=2(a+1)x+a^2-1$ について, a がすべての実数の値をとって変化するとき, 直線 l が通り得る領域を図示せよ.

86 点 (x, y) が不等式 $x^2+y^2 \leqq 2$ の表す領域の点であるとき, xy のとり得る値の範囲を求めよ.

87 不等式 $|x|+|y| \leqq 1$ の表す領域の面積を求めよ.

7 場合の数

7.1 数え上げの原理

場合の数 ある事柄の起こり方の総数

和の法則・積の法則

和の法則 事柄 A, B は同時には起こらないものとする．事柄 A の起こり方が m 通り，事柄 B の起こり方が n 通りあるとき，A または B のどちらかが起こる場合は $m+n$ 通りである．

積の法則 事柄 A の起こり方が m 通りあり，そのそれぞれの場合について事柄 B の起こり方が n 通りあるとき，A と B がともに起こる場合は mn 通りである．

A

1 10 円，50 円，100 円の硬貨を同時に投げるとき，次の場合の数を求めよ．

教問 7.1

(1) すべての表と裏の出方

(2) 表が 2 枚，裏が 1 枚出る

(3) 表が 2 枚以上出る

2 1, 2, 3, 4 とかかれた 4 枚のカードが袋の中に入っている．この中から 1 枚カードをとり出し，かかれた数字を確認してから袋に戻した後，2 枚目をとり出す．このとき，次の場合の数を求めよ． 教問 7.1

(1) すべての数字の出方

(2) 2 回とも同じ数字をとり出す

(3) 2 つの数の和が 5 となる

(4) 2 つの数の和が 3 以上となる

3 3人の女子A, B, Cと，2人の男子D, Eの中から2人の代表を決めるとき，男子が少なくとも1人含まれる場合は何通りか． 教問 7.1

4 A, B, C, Dの4人でリレーを走る順番を決めるとき，次の場合の数を求めよ． 教問 7.1

(1) アンカーがDである

(2) AからBにバトンが渡る

5 大，小2つのサイコロを投げたとき，次の場合の数を求めよ． 教問 7.2

(1) 目の和が10または11になる

(2) 目の積が12になる

6 図のように都市A, B, C, Dが結ばれているとき，都市Aから都市Dへ向かう経路の総数を求めよ．ただし，同じ都市を複数回通らないとする． 教問 7.1

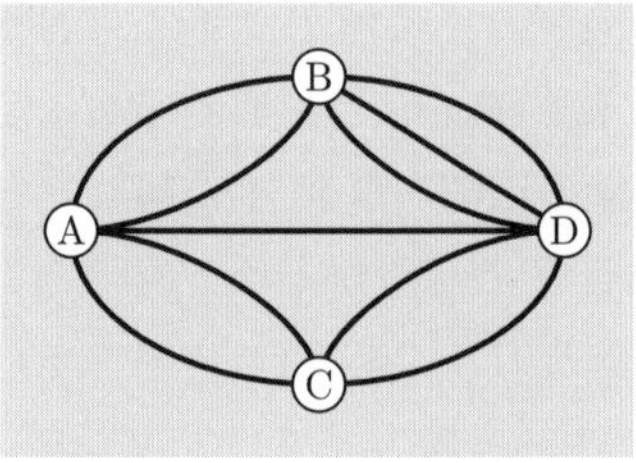

7 1組52枚のトランプから1枚のカードをとり出すとき，次の場合の数を求めよ． 教問 7.2

(1) スペードのカードを引く

(2) スペードまたは絵札のカードを引く

(3) スペードかつ絵札のカードを引く

8 A, B, Cの3人がジャンケンをするとき，1人だけ勝つ場合は何通りか． 教問 7.1

9 不等式 $x + 2y \leqq 10$ を満たす0以上の整数 x, y の組は全部で何個あるか． 教問 7.1

10 $(x+y+z)(a+b)(\alpha+\beta+\gamma)+(X+Y)(A+B+C)$ を展開したときの項の数はいくつあるか． 教問 7.2

B

例題 7.1　324000 の正の約数は何個あるか．

解　324000 を素因数分解すると

$$324000 = 2^5 \cdot 3^4 \cdot 5^3$$

である．これより 324000 の約数は

$2^a \cdot 3^b \cdot 5^c$　$(a = 0,\ 1,\ 2,\ 3,\ 4,\ 5,\ b = 0,\ 1,\ 2,\ 3,\ 4,\ c = 0,\ 1,\ 2,\ 3)$

となる．よって a, b, c の選び方はそれぞれ 6, 5, 4 通り．積の法則から，正の約数の個数は

$$6 \times 5 \times 4 = 120 \text{ 個}$$

■

11　次の数の正の約数の個数を求めよ．

(1)　72

(2)　2700

12　0, 1, 2, 2, 3, 3, 3 の 7 個の数字の中から 3 個を用いて，3 桁の正の整数を作る．このような整数は全部で何個できるか．

13　A, B の 2 人が引き分けのないゲームを行い，A が先に 1 勝した．このとき A, B どちらか一方が先に 3 勝する場合の数を求めよ．

14　大小 2 つのサイコロを投げたとき，出た目の和が偶数になる場合は全部で何通りか．また，出た目の積が 4 の倍数になる場合は何通りか．

15　$x + 2y + 3z = 15$ を満たす自然数 x, y, z の組は全部で何組か．

16　1, 2, 3, 4 とかかれた 4 枚のカードを一列に並べて 4 桁の数を作るとき

$$\text{千の位} \neq 1, \quad \text{百の位} \neq 2, \quad \text{十の位} \neq 3, \quad \text{一の位} \neq 4$$

である数は全部で何個あるか．

7.2 順列と組合せ

階乗　0 以上の整数 n に対して

$$n! = \begin{cases} n(n-1)(n-2)\cdots 3\times 2\times 1 & (n\text{ が自然数のとき}) \\ 1 & (n=0\text{ のとき}) \end{cases}$$

を n の**階乗**《かいじょう》という．

順列　相異なる n 個のものから r 個のものをとり出し，順序をつけて一列に並べたものを，n 個のものから r 個とった**順列**《じゅんれつ》といい，その総数を ${}_n\mathrm{P}_r$ とかく．

$${}_n\mathrm{P}_r = n(n-1)(n-2)\cdots(n-r+1) = \frac{n!}{(n-r)!}$$

特に ${}_n\mathrm{P}_n = n!, {}_n\mathrm{P}_0 = 1$ が成り立つ．

組合せ　相異なる n 個のものから r 個のものをとり出し，順序を考えずに 1 組としたものを，n 個のものから r 個とった**組合せ**といい，その総数を ${}_n\mathrm{C}_r$ とかく．

$${}_n\mathrm{C}_r = \frac{{}_n\mathrm{P}_r}{r!} = \frac{n!}{(n-r)!\,r!}$$

特に ${}_n\mathrm{C}_n = 1,\ {}_n\mathrm{C}_0 = 1$ が成り立つ．

A

17　次の値を求めよ．ただし n は 2 以上の自然数とする．　◀教問 7.4, 7.6

(1)　$6! - 5! + 4!$　　(2)　$\dfrac{4!\,2!}{6!} \times \dfrac{1}{7!} \times 5!$　　(3)　${}_8\mathrm{P}_4$

(4)　${}_6\mathrm{P}_6$　　(5)　${}_{10}\mathrm{P}_0$　　(6)　${}_5\mathrm{C}_3$

(7)　${}_{10}\mathrm{C}_2$　　(8)　${}_4\mathrm{C}_1$　　(9)　${}_n\mathrm{P}_2$

(10)　${}_{n+1}\mathrm{P}_{n-1}$　　(11)　${}_n\mathrm{C}_0$　　(12)　${}_n\mathrm{C}_n$

18　次の式について，自然数 n の値を求めよ．　◀教問 7.6

(1)　${}_n\mathrm{P}_2 = 30$

(2)　${}_6\mathrm{P}_n = 120$

(3)　${}_n\mathrm{C}_2 = 10$

19　男子 3 人, 女子 3 人が一列に並ぶとき, 次の場合の数を求めよ.　◀教問 7.7

(1)　男女関係なく一列に並ぶ

(2)　男子 3 人が続いて並ぶ

(3)　両端が男子である

20　1, 2, 3, 4, 5 の数字がかかれた 5 枚のカードから 3 枚をとり出し，一列に並べて 3 桁の数を作るとき，次の数は全部で何個あるか.　◀教問 7.7

(1)　3 桁の数

(2)　5 の倍数

(3)　偶数

(4)　奇数

21　A, B, C, D の 4 人が，1 号室から 10 号室まであるホテルの個室に泊まるとき，部屋の割り当て方は何通りか.　◀教問 7.7

22　10 人の中から 3 人の代表を選ぶ方法は何通りか.　◀教問 7.7

23　男子 5 人，女子 7 人の中から 4 人の代表を選ぶとき，次の選び方は全部で何通りか.　◀教問 7.7

(1)　すべての選び方

(2)　男子，女子が 2 人ずつになる選び方

(3)　女子が少なくとも 1 人含まれる選び方

24　10 人を 5 人ずつ A 班，B 班の 2 つの班にわける方法は全部で何通りか.　◀教問 7.7

B

例題 7.2 $x+y+z=8$ を満たす 0 以上の整数 x, y, z の組は全部で何個あるか.

解く前に 最初にいくつかの例を考えて，方針を立ててみよう.

$(2,1,5)$ ⟷ ○○|○|○○○○○
$(0,4,4)$ ⟷ |○○○○|○○○○
$(1,0,7)$ ⟷ ○||○○○○○○○

というように，それぞれの (x,y,z) について，○ を 8 個，| を 2 個並べたものが対応する.

解 8 つの ○ と 2 つの | を一列に並べる方法の総数を求めればよい．このような並べ方は，$8+2=10$ カ所から | の入る 2 カ所を選ぶ総数に等しいから

$$ {}_{10}\mathrm{C}_2 = \frac{10!}{2!\,8!} = \frac{10 \cdot 9}{2} = 45 \text{ 個} $$
■

25 $x+y+z=10$ を満たす非負整数 x, y, z の組は全部で何個あるか．また，自然数 x, y, z の組は全部で何個あるか.

26 次の等式を満たす自然数 n を求めよ.

(1) ${}_n\mathrm{P}_3 = 120$　(2) ${}_n\mathrm{C}_3 = 10$

27 次の等式を証明せよ.

(1) $r\,{}_n\mathrm{C}_r = n\,{}_{n-1}\mathrm{C}_{r-1}$

(2) ${}_n\mathrm{P}_r = n\,{}_{n-1}\mathrm{P}_{r-1}$

(3) ${}_n\mathrm{C}_r = {}_n\mathrm{C}_{n-r}$

28 次の等式が同時に成り立つような自然数 n, r の値を求めよ.

$$ {}_n\mathrm{P}_r = 120, \quad {}_n\mathrm{C}_r = 20 $$

29 平面上に 8 個の点があり，点 A, B, C の 3 点のみが一直線上にあるとする．8 個の点から 2 個を選んで結ぶとき，異なる直線は全部で何本か求めよ.

7.3 二項定理

二項定理 0 以上の整数 n に対して次が成り立つ.

$$(a+b)^n = {}_n\mathrm{C}_0 a^n + {}_n\mathrm{C}_1 a^{n-1}b + \cdots + {}_n\mathrm{C}_r a^{n-r}b^r + \cdots + {}_n\mathrm{C}_n b^n$$

ここで ${}_n\mathrm{C}_r a^{n-r}b^r$ を $(a+b)^n$ の展開式の**一般項**といい, ${}_n\mathrm{C}_r$ を**二項係数**という.

A

30 次の式を展開せよ. ◀教問 7.9

(1) $(a+2b)^4$　(2) $(a-b)^5$

(3) $(3a-2b)^3$　(4) $\left(x-\dfrac{1}{2}\right)^4$

(5) $\left(x-\dfrac{1}{x}\right)^5$　(6) $\left(2x+\dfrac{1}{2x}\right)^6$

31 次の式を展開したとき, [　] で指定した項の係数を求めよ. ◀教問 7.8

(1) $(a+1)^{10}$　$[a^3]$

(2) $(2x+1)^7$　$[x^4]$

(3) $(2x^3-y^2)^4$　$[x^6y^4]$

(4) $\left(x-\dfrac{y}{3}\right)^5$　$[x^2y^3]$

B

例題 7.3 n を自然数とするとき, 次の等式を示せ.

$$\frac{(2n)!}{n!\,n!} = {}_n\mathrm{C}_0{}^2 + {}_n\mathrm{C}_1{}^2 + \cdots + {}_n\mathrm{C}_n{}^2$$

解く前に

$$\frac{(2n)!}{n!\,n!} = {}_{2n}\mathrm{C}_n$$

であり, この数は $(1+x)^{2n}$ の展開式における x^n の係数として現れる. 右辺の式変形では ${}_n\mathrm{C}_r = {}_n\mathrm{C}_{n-r}$ の関係を用いる.

解　$(1+x)^{2n}=(1+x)^n(1+x)^n$ を展開したとき項 x^n の係数を比べると，左辺の係数は ${}_{2n}\mathrm{C}_n$ で，右辺の係数は

$$ {}_n\mathrm{C}_0 \times {}_n\mathrm{C}_n + {}_n\mathrm{C}_1 \times {}_n\mathrm{C}_{n-1} + \cdots + {}_n\mathrm{C}_r \times {}_n\mathrm{C}_{n-r} + \cdots + {}_n\mathrm{C}_n \times {}_n\mathrm{C}_0 $$

である．ここで ${}_n\mathrm{C}_r = {}_n\mathrm{C}_{n-r}$（$r=0,1,\ldots,n$）であるから

$$ \begin{aligned} \frac{(2n)!}{n!\,n!} &= {}_{2n}\mathrm{C}_n \\ &= {}_n\mathrm{C}_0 \times {}_n\mathrm{C}_0 + {}_n\mathrm{C}_1 \times {}_n\mathrm{C}_1 + \cdots + {}_n\mathrm{C}_n \times {}_n\mathrm{C}_n \\ &= {}_n\mathrm{C}_0{}^2 + {}_n\mathrm{C}_1{}^2 + \cdots + {}_n\mathrm{C}_n{}^2 \end{aligned} $$ ■

32　次の等式を証明せよ．

(1)　$2^n = {}_n\mathrm{C}_0 + {}_n\mathrm{C}_1 + {}_n\mathrm{C}_2 + \cdots + {}_n\mathrm{C}_{n-1} + {}_n\mathrm{C}_n$

(2)　$0 = {}_n\mathrm{C}_0 - {}_n\mathrm{C}_1 + {}_n\mathrm{C}_2 - \cdots + (-1)^{n-1}{}_n\mathrm{C}_{n-1} + (-1)^n{}_n\mathrm{C}_n$

33　$\left(x+\dfrac{1}{x}\right)^6$ を展開したとき，x^2 の係数を求めよ．

34　$\left(x^3-\dfrac{1}{2x^2}\right)^5$ を展開したとき，x^5 の係数および定数項を求めよ．

35　多項式 $(a+b+c)^5$ を展開したとき，a^2b^2c の係数を求めよ．

36　$n \geqq 2,\ x>0$ のとき，次の不等式を証明せよ．

$$ (1+x)^n \geqq 1+nx+\frac{n(n-1)}{2}x^2 $$

37　定数 p と自然数 n，0 以上 n 以下の整数 r に対して，関数 $f(r)$ を

$$ f(r) = {}_n\mathrm{C}_r\, p^r(1-p)^{n-r} $$

とおくとき，次を示せ．

(1)　$f(0)+f(1)+f(2)+\cdots+f(n)=1$

(2)　$0\cdot f(0)+1\cdot f(1)+2\cdot f(2)+\cdots+nf(n)=np$

(3)　$0^2f(0)+1^2f(1)+2^2f(2)+\cdots+n^2f(n)=n^2p^2+np(1-p)$

7.4 いろいろな問題

円順列　n 個のものから r 個とり出し，円形に並べたもの（円順列）の総数は $\frac{{}_n\mathrm{P}_r}{r}$

重複順列　n 個のものから重複を許して r 個とって並べたもの（重複順列）の総数は n^r

同じものを含む順列　n 個のもののうち p 個, q 個, $\cdots$, r 個 $(p+q+\cdots+r=n)$ がそれぞれ同じものであるとき，それらを一列に並べた順列の総数は $\frac{n!}{p!\ q!\cdots r!}$

A

38　6 人が円卓に座る方法は全部で何通りか.　◀教問 7.12

39　8 人の中から 5 人を選んで円形に並べる方法は全部で何通りか.　◀教問 7.12

40　4 人でジャンケンをするとき，指の出し方は全部で何通りか.　◀教問 7.13

41　1, 2, 3, 4, 5 の 5 つの数字を，重複を許して 4 つ並べて 4 桁の数を作るとき，次の場合の数を求めよ.　◀教問 7.13

(1)　4 桁の数　(2)　偶数　(3)　奇数　(4)　4000 以上の数

42　4 つの ◯ と 3 つの × を一列に並べるとき，次の場合の数を求めよ.　◀教問 7.13

(1)　すべての並べ方　(2)　両端が ◯

(3)　× が 3 つ並ぶ　(4)　一端が ◯，他端が ×

43　a, a, a, b, b, b, c, c, c の 9 つの文字を一列に並べる方法は全部で何通りか.　◀教問 7.14

44　7 セグメント LED で表示できる表示パターンは何通りか. このとき，どのセグメントも点灯しない場合も表示パターンの 1 つとする.　◀教問 7.13

B

例題 7.4 0, 1, 2, 3, 4 の 5 個の数字の中から，4 個を用いて，4 桁の整数を作るとき，3000 以上の数は，全部で何個あるか.

解 千の位の数は 3, 4 の 2 通り．そのそれぞれに対して百の位，十の位，一の位の並べ方は ${}_4\mathrm{P}_3$ 通り．よって積の法則より $2 \times {}_4\mathrm{P}_3 = 24$ 個. ■

45 1 から 7 までの数字がかかれた 7 枚のカードから 4 枚をとり出して一列に並べ 4 桁の数を作るとき，5300 以上の数は全部で何個あるか.

46 4 桁の自然数の千の位の数が a_4 $(a_4 \geqq 1)$，百の位の数が a_3，十の位の数が a_2，一の位の数が a_1 であるとき，条件 $a_4 < a_3 < a_2 < a_1$ を満たすものは全部で何個あるか.

47 1, 2, 3, 4, 5 の 5 つの数字を重複なく使ってできる 5 桁の数を小さい方から順番に並べたとき，42513 は何番目の数であるか.

48 10 人を 2 人，3 人，5 人の組にわける方法は全部で何通りか．また 3 人，3 人，4 人の組にわける方法は全部で何通りか.

49 男子 4 人と女子 2 人が円卓に座るとき，女子が向かい合うような座り方は全部で何通りか.

50 異なる 90 個の記号に 0 と 1 を並べてできる 2 進数を対応させるとき，少なくとも何桁必要であるか.

51 図で点 A から点 B に向かう最短経路のうち，点 P を必ず通る順路の総数を求めよ．また点 P を通らない順路の総数を求めよ.

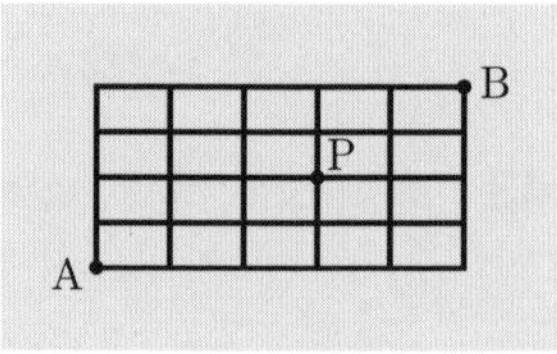

C 発展問題

52 図のような経路で，点 A から点 B に行く最短経路のうち，点 P または点 Q を通る経路の総数を求めよ．

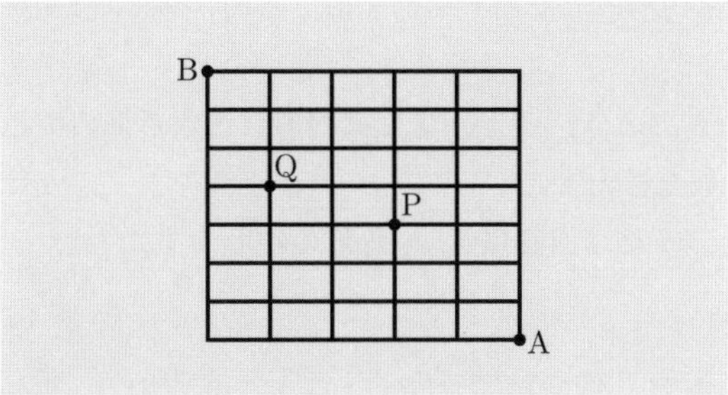

53 11^{10} を 100 で割ったときの余りを求めよ．

54 n を自然数とするとき，二項係数 ${}_n\mathrm{C}_r$ が最大となる 0 以上 n 以下の整数 r を求めよ．

55 p を素数とするとき，二項係数 ${}_p\mathrm{C}_r$ $(r=1,2,\ldots,p-1)$ は p の倍数であることを示せ．

56 立方体の各面を，次に指定する色数の色を使って塗りわけるとき，何通りの塗り方があるか．ただし隣り合う面の色は異なるものとする．

(1) 6 色

(2) 5 色

57 コインを繰り返し投げる．表が出たとき 1，裏が出たとき 0 として，結果を 0110$\cdots$ のように順に記録していく．初めてパターン "01" が現れるまでの待ち時間を T で表す．例えば，1001$\cdots$ ならば $T=4$，000001$\cdots$ ならば $T=6$ である．このとき，次の問いに答えよ．（九州大学（改題））

(1) $T=5$ となる場合の数を答えよ．

(2) $T=t$ $(t \geqq 2)$ となる場合の数を t を用いて答えよ．

58 m を 6 以上の偶数，n を $3 \leqq n \leqq \dfrac{m}{2}$ を満たす自然数とする．正 m 角形の m 個の頂点に，時計回りに $1, 2, \ldots, m$ と番号をふる．この m 個の頂点から n 個の頂点を無作為に選んで n 角形を作る．ただし，頂点が 1 つでも異なる n 角形は異なるものとする．このとき，次の問いに答えよ．

（大阪大学（改題））

(1) $m = 8$ のとき，辺上，または内部に正八角形の中心をもたない三角形の総数を答えよ．

(2) 辺上，または内部に正 m 角形の中心をもたない n 角形の総数を答えよ．

59 ボール m 個を n 個の箱に分けて入れる．$m \geqq 0,\ n \geqq 1$ とする．ボールに区別はないものとするが，箱には $1, 2, \ldots, n$ の番号がつけられており区別される．ボールを分けた結果，空の箱ができてもよいが，どのボールもいずれかの箱に入れられなければならないとするとき，次の問いに答えよ．

（大阪大学（改題））

(1) $m = 3,\ n = 3$ のときのすべての分け方は何通りか．

(2) 分け方の総数を $S(m, n)$ と表すとき，$S(m, n)$ を m と n を用いて表せ．

(3) 等式 ${}_s\mathrm{C}_r = {}_{s-1}\mathrm{C}_r + {}_{s-1}\mathrm{C}_{r-1}$ が成り立つことを利用して，次の式が成り立つことを示せ．

$$S(m, n) = \begin{cases} 1 & n = 1 \text{ の場合} \\ \displaystyle\sum_{i=0}^{m} S(i, n-1) & n > 1 \text{ の場合} \end{cases}$$

60 自然数 n に対して $a_n = \left(1 + \dfrac{1}{n}\right)^n$ とおくとき次を示せ．

(1)
$$a_n = 1 + 1 + \frac{1}{2!}\left(1 - \frac{1}{n}\right) + \frac{1}{3!}\left(1 - \frac{1}{n}\right)\left(1 - \frac{2}{n}\right) + \cdots + \frac{1}{n!}\left(1 - \frac{1}{n}\right)\left(1 - \frac{2}{n}\right)\cdots\left(1 - \frac{n-1}{n}\right)$$

(2) すべての自然数 n に対して，$a_n < a_{n+1}$ が成り立つ．

(3) $a_n \leqq 1 + 1 + \dfrac{1}{2} + \dfrac{1}{2^2} + \cdots + \dfrac{1}{2^{n-1}} < 3$

問題解答

第1章

1.1節　**1**　(1)　$18x^3-5x^2-11x-4$　　(2)　$-y^4-2y^3+16y^2-1$
2　(1)　$9x^2-7xy+5y^2$　　(2)　$24x^2-13xy+6y^2$
3　(1)　$x^4-2x^3+3x^2+8x-28$　　(2)　$8x^2+(10y-10)x+(3y^2-7y+2)$
4　(1)　$a^2+b^2+c^2-2ab-2bc+2ca$　　(2)　$x^4-4x^3+10x^2-12x+9$
(3)　$-250a^7b^{10}$　　(4)　$256x^{14}$　　(5)　$2x^3-11x^2+16x-6$　　(6)　$2x^3-3x^2y+3xy^2-y^3$
5　(1)　$(z-3)(x+y)$　　(2)　$(x-y)(a+b)(a-b)$
(3)　$(a+b+c)(a-b+c)(a+b-c)(a-b-c)$　　(4)　$(x+12)(x-4)$
(5)　$(5x-2)(5x+3)$　　(6)　$xy(2x-y)(x-2y)$　　(7)　$(3x-2y)(9x^2+6xy+4y^2)$
(8)　$(a+c)(a-c)(b+c)$　　**6**　(1)　商 $x-2$，余り 3，$2x^2-3x+1=(2x+1)(x-2)+3$
(2)　商 $3x^2-x$，余り 0，$9x^3-x=(3x+1)(3x^2-x)$　　**7**　$a=2, b=-3$
8　$2x^4-x^3-8x+1$　　**9**　(1)　$2x^3+7x^2+2x-2$　　(2)　商 $2x+11$，余り $22x-13$
10　(1)　37　　(2)　-10　　**11**　$a=1, b=8$　　**12**　$a=0$
13　(1)　$(x+1)(x+2)(x-3)$　　(2)　$(x-1)(x-3)(3x+1)$　　(3)　$(x+1)(x-2)(x^2+x+1)$
14　最大公約数，最小公倍数の順に示す．(1)　$x-2$，$(x+4)(x-2)(x-3)$
(2)　$x+2, (x+2)(3x-1)(3x-4)$　　(3)　$x^2yz, x^4y^3z^3$　　(4)　$x-1, (x-1)^2(x-4)(x^2+x+1)$
15　与式 $=2\{4x^3-3x^2+(2+1)x-1\}+3\{-3x^3+(2-1)x^2-5x+3\}=-x^3-3x^2-9x+7$．これより式の次数 3，最高次の係数 -1，定数項 7
16　(1)　与式 $=5a^3+(2b)a^2+(3b^2+6b)a+(b^2+1)$．これより式の次数 3，最高次の係数 5，定数項 b^2+1　　(2)　与式 $=(3a+1)b^2+(2a^2+6a)b+(5a^3+1)$．式の次数 2，最高次の係数 $3a+1$，定数項 $5a^3+1$　　**17**　(1)　$A=2x^3+12x^2y+3y^3$，$B=-x^3+6x^2y+y^3$，$A+B=x^3+18x^2y+4y^3$，$A-B=3x^3+6x^2y+2y^3$．次数 3，最高次の係数 3，定数項 $2y^3$
(2)　$A=2a^2+ab+b^2$，$B=-a^2-2ab+b^2$，$A+B=a^2-ab+2b^2$，$A-B=3a^2+3ab$．次数 2，最高次の係数 3，定数項 0　　**18**　$a^2-b^2+2bc-c^2$　　**19**　(1)　$4yz$
(2)　x^8-2x^4+1　　**20**　(1)　7　　(2)　-15
21　たすき掛けの利用　与式 $=6x^2+(-y+5)x+(-y^2+1)=(3x+y+1)(2x-y+1)$
22　(1)　$2x(5x+y)(2x-y)$　　(2)　$(x-2y-1)(5x+3y-7)$　　(3)　$(5x-2y+1)(2x+y+3)$
23　(1)　$(x^2-\sqrt{6}\,x+3)(x^2+\sqrt{6}\,x+3)$
(2)　$(3a^2-ab+2b^2)(3a^2+ab+2b^2)$　　(3)　$(x^2+3xy+4y^2)(x^2-3xy+4y^2)$
24　(1)　$2x^2+x+3$　ヒント：$2x^3+7x^2+6x+11=B(x)(x+3)+2$　　(2)　x^2+2x-3
25　商 $2x^2+3x-6$，余り $-8x+12$　　**26**　(1)　$a=2, b=-1$，商 $2x-3$　　(2)　$a=-1$，$b=-2$，商 $x-3$　ヒント：与えられた整式を筆算を用いて x^2+2x-1 で割り，商と余り（文字 a，b を含む）を出してみる．　　**27**　$a=2, b=-7$　ヒント：剰余の定理を用いて，a と b に関する連立方程式を立てる．　　**28**　$(x-2)(x+3)(x^2+2)$　　**29**　$a=2, b=3$

30 (1) $(x+1)(x-1)(x-3)(2x+1)$ (2) $(x+1)(x-2)(3x+5)(2x-1)$

31 $(x+3)(x+1)$, $(x-2)(x+1)$ **32** $(3x+1)(2x+1)$, $(3x-1)(2x+1)$

ヒント：先に 2 つの式の最大公約数を求める．p.2 要項参照

1.2 節 **33** (1) $0.\dot{2}8571\dot{4}$ (2) 1.16 (3) $0.0\dot{7}2\dot{9}$ **34** (1) $a=\pm 4$ (2) $a=\pm 2, b=\pm 3$ (3) $a=4, b=-2$ **35** (1) $3\sqrt{2}$ (2) $-2\sqrt{3}$ (3) $-\sqrt{5}$ (4) -4 **36** (1) $\sqrt{5}+\sqrt{3}$ (2) $11-4\sqrt{6}$ (3) $\frac{\sqrt{30}+4}{2}$ (4) $\frac{53-20\sqrt{7}}{3}$ (5) $-\frac{2}{3}\sqrt{6}$ (6) $-\frac{\sqrt{3}}{6}$ **37** (1) $\frac{3x}{2yz}$ (2) $\frac{5b^6}{a}$ (3) $\frac{9}{x^3y^3}$ (4) $\frac{x-3}{x-2}$ (5) $\frac{x+a}{x^2-ax+a^2}$ **38** (1) $\frac{-1}{(x+2)(x+3)}$ (2) $\frac{x+y}{x-y}$ (3) $\frac{2}{(x+1)(x+2)}$ (4) $\frac{8x^4}{1-x^8}$ (5) $\frac{5}{3}a^4b^4$ (6) $12x^6y^7$ **39** (1) $x-1$ (2) $\frac{y-x}{xy}$ (3) $\frac{a^2+b^2}{2ab}$

40 (1) $x=4, -10$ ヒント：$|x+3|=7$ より $x+3=7$ または -7 (2) $x=-\frac{1}{2}$, $-\frac{1}{4}$ ヒント：$|x|=x$ または $-x$，$|3x+1|=3x+1$ または $-3x-1$ より，$x=3x+1$, $x=-(3x+1)$, $-x=3x+1$, $-x=-(3x+1)$ のいずれかが成り立つ．1 番目と 4 番目，2 番目と 3 番目の等式は同じことを意味するので，$x=3x+1$ または $x=-(3x+1)$ (3) 7, 1 (4) $\frac{9}{5}$, 1 (5) 2, 0 **41** (1) $\frac{2-\sqrt{2}+\sqrt{6}}{4}$ (2) $\frac{\sqrt{2}+\sqrt{3}-\sqrt{5}}{2}$

42 (1) 0 (2) 1 **43** (1) $a=12, b=3\sqrt{5}-6$ (2) 153

44 (1) $\frac{3}{(x-1)(x+2)}$ (2) $\frac{x}{2x-3}$ **45** $-\frac{3}{2}x$

第 2 章

2.1 節 **1** (1) $x=1,2$ (2) $x=1,-\frac{1}{2}$ (3) $x=\pm\frac{1}{3}$ (4) $x=2, \frac{1}{3}$ (5) $x=\pm\sqrt{5}\,i$ (6) $x=-1\pm\sqrt{2}\,i$ (7) $x=\frac{1\pm\sqrt{15}\,i}{4}$ (8) $x=-2\pm\sqrt{7}$ (9) $x=3\pm\sqrt{5}$ (10) $\frac{1\pm\sqrt{2}\,i}{3}$ (11) $x=\frac{\sqrt{2}\pm\sqrt{10}}{12}$ **2** 実部，虚部，共役な複素数の順に示す．(1) $\frac{2}{3}$, $\frac{1}{3}$, $\frac{2-i}{3}$ (2) 0, -10, $10i$ (3) $\sqrt{3}$, $-\frac{\sqrt{2}}{2}$, $\sqrt{3}+\frac{\sqrt{2}}{2}i$

3 (1) $a=1$, $b=-3$ (2) $a=2$, $b=\frac{1}{3}$ **4** (1) $11+i$ (2) $11-13i$ (3) $3-4i$ (4) $18+26i$ (5) $\frac{-1+7i}{5}$ (6) $-\frac{4}{3}i$ **5** (1) 13 (2) $2\sqrt{5}$ (3) 5 **6** (1) $2\sqrt{10}$ (2) 7 **7** (1) 異なる 2 つの実数解 (2) 異なる 2 つの虚数解 (3) 重解 **8** (1) $m=-\frac{13}{4}, x=\frac{5}{2}$ (2) $m=-1$ のとき $x=2$, $m=4$ のとき $x=-\frac{1}{2}$ **9** (1) $\frac{4}{3}$ (2) 22 (3) 28 (4) -100 **10** (1) $x^2-4x-5=0$ (2) $x^2-4x+5=0$ (3) $2x^2-2x-1=0$ **11** (1) -3, 7 (2) 0, $\sqrt{7}$ (3) $\pm 3i$ **12** (1) $\left(x-\frac{1+\sqrt{17}}{2}\right)\left(x-\frac{1-\sqrt{17}}{2}\right)$ (2) $2\left(x+\frac{3+\sqrt{7}\,i}{4}\right)\left(x+\frac{3-\sqrt{7}\,i}{4}\right)$ (3) $6\left(x-\frac{1-\sqrt{7}}{6}\right)\left(x-\frac{1+\sqrt{7}}{6}\right)$ (4) $(4x+3)(5x-2)$

13 (1) $x=2, y=3, z=-2$ (2) $\begin{cases} x=-1 \\ y=2 \end{cases}$, $\begin{cases} x=2 \\ y=-1 \end{cases}$ (3) $\begin{cases} x=-1 \\ y=0 \end{cases}$,

$\begin{cases} x = \frac{1}{3} \\ y = \frac{4}{3} \end{cases}$ **14** (1) $x = \pm\sqrt{7}$ (2) $x = 6$ (3) $x = 3$ (4) $x = -2$

15 (1) $k = 0$ のとき $x = -1$, $k \neq 0$ のとき $x = -1, \frac{4}{k}$ (2) $k = -2$ のとき $x = \frac{1}{3}$, $k \neq -2$ のとき $x = \frac{1}{3}, -\frac{5}{k+2}$ **16** (1) $x^2 + 4x + 6 = 0$
(2) $3x^2 + 2x + 1 = 0$ **17** (1) 与式 $= (\alpha + \beta + \gamma)^2 - 2(\alpha\beta + \beta\gamma + \gamma\alpha)$ より 6
(2) 与式 $= (\alpha + \beta + \gamma)(\alpha^2 + \beta^2 + \gamma^2 - \alpha\beta - \beta\gamma - \gamma\alpha) + 3\alpha\beta\gamma$ より -17

18 $\begin{cases} p \neq -1, 2 \Longrightarrow x = \frac{p-1}{p-2},\ y = \frac{1}{p-2} \\ p = -1 \quad \Longrightarrow 2x + y = 1 \text{ を満たすすべての } (x, y) \\ p = 2 \quad \Longrightarrow \text{解なし} \end{cases}$ **19** 他の解 1, $a = \frac{7}{2}$, $b = 9$

2.2 節 **20** (1) $x = \pm 11$ (2) $x = \pm\sqrt{6}$ (3) $x = 3, -5$ (4) $x = -\frac{7}{2}, \frac{9}{2}$
21 (1) $x < -1$ (2) $x \leqq -19$ (3) $2 < x < \frac{9}{2}$ (4) $-9 \leqq x \leqq 1$
(5) $x < -4, x > 3$ **22** (1) $x < -4, x > 3$ (2) $-2 < x < 1$ (3) $x \leqq 0, x \geqq \frac{1}{2}$
(4) $-2 \leqq x \leqq \frac{3}{2}$ (5) すべての実数 (6) $x \neq -4$ のすべての実数 (7) $x = \frac{1}{2}$
(8) 解なし (9) すべての実数 (10) 解なし **23** (1) $m < 0, m \geqq \frac{1}{4}$
(2) $-2 < m < 6$ **24** (1) $a = \frac{4}{3}, b = \frac{1}{3}$ (2) $a = 1, b = 2$ (3) $a = 1, b = 4$, $c = 4$ (4) $a = 2, b = -17, c = 19$ **25** (1) $x = -2, 2, 3$ (2) $x = -1, -\frac{1}{3}, 1$
(3) $x = -2, 1 \pm \sqrt{3}\,i$ (4) $x = \pm 2i, \pm 2$ (5) $x = \pm 3, \pm\sqrt{2}\,i$ (6) $x = \pm\sqrt{2}, \pm 2i$
(7) $-1 < x < -\frac{1}{2}, x > 4$ (8) $x \leqq 4$ **26** (1) $-8 < x < -4$ (2) $-\frac{1}{2} < x < 1$, $x > 2$ (3) $-\frac{5}{4} < x < -\frac{1}{2}$ (4) $0 < x < 3, x > 5$ **27** (1) $m < \frac{13}{4}$ のとき異なる 2 つの実数解, $m = \frac{13}{4}$ のとき重解, $m > \frac{13}{4}$ のとき異なる 2 つの虚数解 (2) $m < -5$, $m > 3$ のとき異なる 2 つの実数解, $m = -5, 3$ のとき重解, $-5 < m < 3$ のとき異なる 2 つの虚数解 (3) $m > \frac{14}{5}$ のとき異なる 2 つの実数解, $m = \frac{14}{5}$ のとき重解, $m < \frac{14}{5}$ のとき異なる 2 つの虚数解 **28** (1) $x = -1 \pm i, 1 \pm i$ (2) $x = -1 \pm \sqrt{3}i, 1 \pm \sqrt{3}i$
(3) $x = -4, 2, -1 \pm \sqrt{2}$ (4) $x = \frac{3 \pm \sqrt{41}}{2}, \frac{3 \pm \sqrt{15}\,i}{2}$ **29** $x = \frac{-1 \pm 3\sqrt{3}\,i}{2}, a = -17$, $b = -21$ **30** $p = -2, q = 30$ **31** (1) $a = 2, b = -5$ (2) $a = -1, b = 2$, $c = 0$

2.3 節 **32** (1) $\emptyset, \{a\}$ (2) $\emptyset, \{a\}, \{b\}, \{a, b\}$ **33** (1) $\{1, 2, 4, 5, 6, 7, 8, 10, 11, 12, 13, 14\}$ (2) $\{2, 4, 8, 10, 14\}$ (3) $\{6, 12\}$ (4) $\{2, 3, 4, 6, 8, 9, 10, 12, 14, 15\}$
34 (1) $\overline{A} = \{a \mid -5 \leqq a \leqq 9\}$ (2) $\overline{B} = \{b \mid b < 3$ または $b > 10\}$
35 (1) $\{x \mid x < 2$ または $x \geqq 4\}$ (2) $\{x \mid x \leqq -7$ または $x > 8\}$ **36** (1) 13
(2) 37 (3) 2 (4) 18 (5) 48 (6) 32 **37** (1) $a < -2$ または $a > 3$
(2) m は 5 の倍数でも 7 の倍数でもない (3) a, b はともに 0 ではない (4) x, y の少なくとも一方は実数 **38** (1) 逆：$y \leqq 4 \Rightarrow -4 \leqq y \leqq 4$ 裏：$y < -4$ または $y > 4 \Rightarrow y > 4$ 対偶：$y > 4 \Rightarrow y < -4$ または $y > 4$ (2) 逆：$x^2 > 0 \Rightarrow x > 0$

裏：$x \leqq 0 \Rightarrow x^2 \leqq 0$　対偶：$x^2 \leqq 0 \Rightarrow x \leqq 0$　**39**　(1)　もとの命題と対偶 ⋯ 真，逆と裏 ⋯ 偽，反例：$x = y = i$　(2)　もとの命題と対偶 ⋯ 真，逆と裏 ⋯ 偽，反例：$x = -3$　(3)　すべて真　(4)　逆と裏 ⋯ 真，もとの命題と対偶 ⋯ 偽，反例：$x = -3$

40　(1)　必要条件　(2)　十分条件　(3)　必要十分条件　(4)　必要でも十分でもない条件　**41**　(1)　$\{2, 8\}$　(2)　$\{1, 2\}$　(3)　$\{2, 3, 5\}$

(4)　$\{1, 2, 3, 4, 5, 8, 12, 16, 17, 20\}$　(5)　$\{1, 2, 8\}$　(6)　$\{1, 2, 3, 5, 8, 12, 17\}$

(7)　$\{2, 3, 5, 7, 8, 9, 11, 12, 13, 14, 17, 18, 19\}$　(8)　$\{2\}$

(9)　$\{1, 2, 3, 4, 5, 6, 8, 10, 12, 15, 16, 17, 20\}$　**42**　(1)　16　(2)　10　(3)　100

(4)　80　(5)　93　(6)　3　(7)　73　(8)　120　**43**　(1)　証明略　ヒント：対偶は「n が奇数ならば，n^2 は奇数である」．　(2)　証明略　ヒント：対偶は「$x = 0$ または $y = 0$ ならば，$xy = 0$」．　**44**　証明略　ヒント：「$a > 1$ または $b > 1$」が成り立たないと仮定すると，「$a \leqq 1$ かつ $b \leqq 1$」となることから矛盾を導く．　**45**　証明略　ヒント：$a + b\sqrt{3} = 0$ より $b\sqrt{3} = -a$, $b \neq 0$ と仮定すると $\sqrt{3} = -\frac{a}{b}$ となることから矛盾を導く．$b = 0$ を示すと $a = 0$ も示される．　**46**　証明略　ヒント：前問と同様の方法で示すことができる．

2.4節　**47**　証明略　ヒント：(1)　左辺を展開し，整理する．　(2)　(左辺) − (右辺) = 0 を示す．　**48**　証明略　ヒント：(1)　(左辺) − (右辺) を通分する．　(2)　相加平均・相乗平均の関係を用いる．　**49**　証明略　ヒント：(1)　$(\text{右辺})^2 - (\text{左辺})^2 \geqq 0$ を示す．

(2)　三角不等式を利用する．

第3章

3.1節　**1**　グラフは略．(1)　$y = x - 4$　(2)　$y = x + 1$　(3)　$y = x + 2$

(4)　$y = x - 3$　(5)　$y = -x + 1$　(6)　$y = -x - 1$　(7)　$y = x + 1$　(8)　$y = x + 1$

(9)　$y = -x + 1$　(10)　$y = \frac{1}{3}x - 1$　(11)　$y = 2x - 2$　**2**　最大値，最小値，値域の順に示す．(1)　0 ($x = 2$), −1 ($x = 0$), $-1 \leqq y \leqq 0$　(2)　3 ($x = 0$), なし, $0 < y \leqq 3$

(3)　なし, −1 ($x = 2$), $-1 \leqq y < 0$　(4)　なし, なし, $1 < y < 2$

3　グラフは略．(1)　$y = \frac{1}{3}x - \frac{5}{3}$　(2)　$y = 3x + 3$　(3)　$y = \frac{2}{3}x - \frac{1}{3}$

4　(1)　$y = 3x + 4$　(2)　$y = \frac{3}{2}x$　(3)　$y = -x$　(4)　$y = -\frac{3}{2}x$

5　(1)　証明略　ヒント：$b = 0$ の場合と $b \neq 0$ の場合に分けて証明する．(2)　$a = 2, -1$

6　(1)　証明略　ヒント：$b = 0$ の場合と $b \neq 0$ の場合に分けて証明する．(2)　$a = 0, -3$

7　(1)　$a = \pm 2$　(2)　$a = 1, -2$

3.2節　**8**　(1)　$(x+2)^2 - 4$　(2)　$(x+1)^2 + 1$　(3)　$\left(x - \frac{1}{2}\right)^2 - \frac{1}{4}$　(4)　$\left(x - \frac{3}{2}\right)^2 - \frac{5}{4}$

9　グラフは略．頂点，軸の順に示す．(1)　$(1, 1)$, $x = 1$　(2)　$(-1, 0)$, $x = -1$

(3)　$\left(-\frac{3}{2}, -\frac{5}{4}\right)$, $x = -\frac{3}{2}$　**10**　グラフは略．

(1)　$y = x^2 - 8x + 17$　(2)　$y = x^2 - 2x + 4$　(3)　$y = -x^2 + 2x - 2$　(4)　$y = x^2 + 2x + 2$

(5)　$y = -x^2 - 2x - 2$　(6)　$y = \frac{1}{9}x^2 - \frac{2}{3}x + 2$　(7)　$y = 2x^2 - 4x + 4$

11　(1)　上に凸，$x = 1, 2$　(2)　上に凸，$x = 3$　(3)　下に凸，x 軸との交点なし

12 (1) 1 (2) ± 6 (3) $1, -2$ **13** (1) $c > 1$ (2) $-6 < c < 6$ (3) $-2 < c < 1$ **14** 最大値，最小値，値域の順に示す．(1) $2\ (x = 0, 2), 1\ (x = 1), 1 \leqq y \leqq 2$ (2) $-3\ (x = 0), -4\ (x = 1), -4 \leqq y \leqq -3$ (3) $1\ (x = 3), -\frac{5}{4}\ \left(x = \frac{3}{2}\right), -\frac{5}{4} \leqq y \leqq 1$ (4) $2\ (x = 1)$, なし, $1 < y \leqq 2$ **15** 頂点，軸の順に示す．(1) $(3, 7), x = 3$ (2) $(-1, -1), x = -1$ (3) $\left(1, -\frac{3}{4}\right), x = 1$ (図は最後に掲載)

16 (1) $y = \sqrt{x}$ (2) $y = -\sqrt{x}$ (3) $y = -\sqrt{x} - 1$ **17** (1) $x < 3, x > 4$ (2) $3 \leqq x \leqq 4$ (3) $x = 5$ (4) 実数全体 (5) $x < 5, x > 5$ (6) 解なし (7) 解なし (8) 実数全体 (9) $x < -3, x > 3$ **18** (1) $k > 0$ (2) $k < -3$

19 $y = 4x - 6, y = -4x + 2$ **20** $y = -\frac{1}{4}x^2$ **21** $k < 1$

3.3 節 **22** 頂点，定義域，値域の順に示す．(1) $(1, 1), x \geqq 1, y \geqq 1$ (2) $(-1, 1), x \leqq -1, y \geqq 1$ (3) $(1, 1), x \geqq 1, y \leqq 1$ $\left(p : x = \frac{3}{2}\right)$ (4) $(1, 1), x \leqq 1, y \leqq 1$ $\left(p : x = \frac{1}{2}, q : y = 1 - \sqrt{2}\right)$ (5) $\left(-\frac{3}{2}, -\sqrt{5}\right), x \geqq -\frac{3}{2}, y \geqq -\sqrt{5}$ $(q : y = \sqrt{3} - \sqrt{5})$ (6) $\left(\frac{3}{2}, -1\right), x \leqq \frac{3}{2}, y \geqq -1$ $(q : y = \sqrt{3} - 1)$ (図は最後に掲載) **23** (1) $y = \sqrt{x - 3}$ (2) $y = \sqrt{x} + 2$ (3) $y = -\sqrt{x}$ (4) $y = \sqrt{-x}$ (5) $y = -\sqrt{-x}$ (6) $y = \sqrt{\frac{x}{3}}$ (7) $y = 2\sqrt{x}$ **24** (1) $x = 2, y = 3$ $\left(p : x = \frac{5}{3},\ q : y = \frac{5}{2}\right)$ (2) $x = 1, y = 1$ (3) $x = 1, y = 2$ $\left(p : x = -\frac{1}{4},\ q : y = -\frac{1}{2}\right)$ (4) $x = 0, y = 1$ (図は最後に掲載)

25 (1) $y = \frac{1}{x-3}$ (2) $y = \frac{1}{x} + 2$ (3) $y = -\frac{1}{x}$ (4) $y = -\frac{1}{x}$ (5) $y = \frac{1}{x}$ (6) $y = \frac{3}{x}$ (7) $y = \frac{2}{x}$ **26** (1) 奇関数 (2) 偶関数 (3) どちらでもない (4) 奇関数 **27** (図は最後に掲載) **28** (1) $-1 \leqq x \leqq 0$ (2) $-1 \leqq x < 3$ (3) $x \leqq -2, 0 < x \leqq 1$ (4) $-1 \leqq x < 1, x \geqq 2$ **29** $a = b = 2$

30 $a = 4, b = -4, c = 1$ **31** 証明略 ヒント：(1) $f \circ g(-x) = f \circ g(x)$ を示す．(2) $g \circ f(-x) = g \circ f(x)$ を示す． (3) $g \circ f(-x) = -g \circ f(x)$ を示す．

第 4 章

4.1 節 **1** (1) 2 (2) 8 (3) $\frac{1}{a}$ (4) 3 (5) $\frac{8a^9}{b^6}$ (6) $\frac{20a^4}{b^5}$ (7) $\frac{4y^4}{3x}$ (8) $\frac{y^4}{x}$ (9) $\frac{1}{y}$ **2** (1) 4 (2) 3 (3) 4 (4) 0.3 **3** (1) $\sqrt[5]{a}$ (2) $\sqrt[4]{a^3}$ (3) $\sqrt[3]{a^5}$ **4** (1) $a^{\frac{5}{4}}$ (2) $a^{\frac{1}{10}}$ (3) $a^{\frac{2}{3}}$ (4) $a^{-\frac{3}{2}}$ **5** (1) 4 (2) 2 (3) 2 **6** (1) 32 (2) 2 (3) $\frac{2}{3}$ **7** $x^{\frac{1}{2}} + x^{-\frac{1}{2}} = 3$ を 2 乗して，$x + x^{-1} + 2 = 9$ より，$x + x^{-1} = 7$．これを 3 乗して，$x^3 + x^{-3} + 3(x + x^{-1}) = 7^3$ より，$x^3 + x^{-3} = 7^3 - 3(x + x^{-1}) = 7^3 - 3 \cdot 7 = 322$ **8** $2^x + 2^{-x} = t$ を 3 乗して，$8^x + 8^{-x} + 3(2^x + 2^{-x}) = t^3$ より，$8^x + 8^{-x} = t^3 - 3t$ **9** 4 **10** $\frac{7}{3}$

4.2 節 **11** 曲線 C を $y = 2^x$ のグラフとする．(1) C と y 軸に関して対称 (2) C と同じ (3) C と x 軸に関して対称 (4) C を x 軸方向に -1 平行移動したもの

(5) C を x 軸方向に 2, y 軸方向に -1 平行移動したもの (6) C を y 軸に関して対称に写してから, x 軸方向に 1, y 軸方向に 2 平行移動したもの(**図は最後に掲載**)

12 $\sqrt[4]{32}=2^{\frac{5}{4}}$, $\sqrt{2}=2^{\frac{1}{2}}$, $1=2^0$, $4^{\frac{2}{3}}=2^{\frac{4}{3}}$ より, $1<\sqrt{2}<\sqrt[4]{32}<4^{\frac{2}{3}}$

13 (1) $x=3$ (2) $x=-6$ (3) $x=-\frac{5}{3}$ (4) $x=0$ (5) $x=-1$

14 (1) $x\leqq 4$ (2) $x>-4$ (3) $x\leqq -\frac{3}{2}$ (4) $x\geqq 3$ (5) $x<1$

15 (1) $x=-1$ のとき最小値 $y=3^{-1}=\frac{1}{3}$, $x=0$ のとき最大値 $y=3^0=1$ (2) $x=-2$ のとき最大値 $y=\left(\frac{1}{2}\right)^{-2}=4$, $x=2$ のとき最小値 $y=\left(\frac{1}{2}\right)^2=\frac{1}{4}$

16 $x=-1$ のとき最小値 $y=-\frac{5}{4}$ **17** $(x,y)=(1,2),(2,1)$

4.3 節 **18** (1) $x=100$ (2) $x=3$ (3) $x=4$ (4) $x=3$ (5) $x=81$

19 (1) 4 (2) -5 (3) 0 (4) $-\frac{5}{2}$ (5) -4 (6) $-\frac{2}{3}$ (7) 3 (8) 16 (9) 2 **20** (1) 12 (2) 5 (3) 3 (4) $\frac{1}{2}$ **21** (1) $2a+b$ (2) $\frac{a}{2}+b$ (3) $1-a$ (4) $2a+b-1$ **22** (1) 2 (2) -1 (3) $\frac{5}{2}$ (4) $\frac{2}{3}$ (5) 1 **23** (1) 4 (2) 3 (3) $\frac{1}{2}$ (4) 3 (5) 5

24 $x=16$ **25** $x=\log_3 2$ **26** $\log_4 x+\log_4 y=\frac{1}{4}$ **27** (1) $\log_a b=2$ (2) $\frac{a^6-b}{b^3-a^2}=\frac{a^6-a^2}{a^6-a^2}=1$ **28** $2^x=3^y=6^z=10$ に $\log_{10}$ を作用させて $x\log_{10}2=y\log_{10}3=z\log_{10}6=1$ より, $x=\frac{1}{\log_{10}2}$, $y=\frac{1}{\log_{10}3}$, $z=\frac{1}{\log_{10}6}$. これを代入して, $\frac{1}{x}+\frac{1}{y}-\frac{1}{z}=\log_{10}2+\log_{10}3-\log_{10}6=0$

4.4 節 **29** 曲線 C を $y=\log_2 x$ のグラフとする. (1) C と y 軸に関して対称 (2) C を x 軸方向に -2 平行移動したもの (3) C を y 軸方向に -1 平行移動したもの (4) C と x 軸に関して対称(**図は最後に掲載**) **30** $\frac{3}{2}=\frac{1}{2}\log_2 8$, $\log_2 3=\frac{1}{2}\log_2 9$, $\log_4 7=\frac{1}{2}\log_2 7$ より, $\log_4 7<\frac{3}{2}<\log_2 3$ **31** $x=\frac{1}{2}$ のとき最大値 $y=\log_{\frac{1}{4}}\frac{1}{2}=\frac{1}{2}$, $x=8$ のとき最小値 $y=\log_{\frac{1}{4}}8=-\frac{3}{2}$ **32** (1) $x=\frac{5}{12}$ (2) $x=\frac{3}{8}$ (3) $x=\frac{3}{4}$ (4) $x\geqq 8$ (5) $x>2$ (6) $\frac{3}{2}<x\leqq\frac{11}{12}$ **33** (1) $x=\frac{3}{2}$ (2) $x=3$ (3) $x=3$ (4) $1\leqq x<3$ (5) $1<x\leqq 2$ (6) $-1<x\leqq 1$ **34** $y\geqq -4$

35 $x=\frac{a}{2b-a}$ **36** (1) $x=\frac{1}{81},9$ (2) $x=2,8$ **37** (1) $x=1$ (2) $x=9$ **38** (1) $a=\log_3 5, b=\log_3 7$ (2) $n\leqq\log_3 5+\log_3 7<n+1$ より $\log_3 3^n\leqq\log_3 35<\log_3 3^{n+1}$. したがって, $3^n\leqq 35<3^{n+1}$. これを満たす整数は $n=3$

39 (1) $x<8$ (2) $x=4$ (3) $4\leqq x<8$

40 (1) $\log_2 5=\frac{1}{2}\log_2 25$, $\frac{1}{2}(3+\log_2 3)=\frac{1}{2}\log_2 24$ より $\log_2 5>\frac{1}{2}(3+\log_2 3)$
(2) $\log_2 3=\frac{1}{2}\log_2 9$, $\log_{\frac{1}{2}}\frac{1}{\sqrt{3}}=\frac{1}{2}\log_2 3$ より $\log_2 3>\log_{\frac{1}{2}}\frac{1}{\sqrt{3}}$

4.5 節 **41** (1) 1.3010 (2) 0.6990 (3) 1.3801 (4) -0.2219

42 (1) $a+2b$ (2) $-\frac{1}{2}a+b+\frac{1}{2}$ (3) $\frac{b}{a+b}$ (4) $\frac{-a+b+1}{3a}$

43 (1) $\log_{10}2^{100}=100\log_{10}2=100\times 0.3010=30.10$ より, 31 桁

(2) $\log_{10} 5^{50} = 50(1 - \log_{10} 2) = 50(1 - 0.3010) = 34.95$ より，35 桁

44 $\log_{10} 0.9^{100} = 100(2\log_{10} 3 - 1) = -4.58$ より，小数第 5 位

45 条件より $10^8 \leqq 7^n < 10^9$ だから，$8 \leqq n\log_{10} 7 < 9$. $\log_{10} 7$ で割って，$9.466\cdots \leqq n < 10.649\cdots$ より，$n = 10$

46 (1) $x = 0$ のとき $y = 1$ なので，$y = a^x$ とおく．条件より $x = 3$ のとき $y = 0.9$ なので，$a^3 = 0.9$ すなわち $a = 0.9^{\frac{1}{3}}$．よって，$y = 0.9^{\frac{x}{3}}$　(2) $y = 0.5$ を代入して $0.5 = 0.9^{\frac{x}{3}}$ より $-\log_{10} 2 = \frac{x}{3}(2\log_{10} 3 - 1)$ となって，$x = \frac{3\log_{10} 2}{1 - 2\log_{10} 3}$

第 5 章

5.1 節 **1** $\sin\alpha, \cos\alpha, \tan\alpha$ の順に示す．(1) $\frac{3}{5}, \frac{4}{5}, \frac{3}{4}$　(2) $\frac{\sqrt{11}}{6}, \frac{5}{6}, \frac{\sqrt{11}}{5}$　(3) $\frac{3}{\sqrt{13}}, \frac{2}{\sqrt{13}}, \frac{3}{2}$　**2** (1) $\frac{\sqrt{3}}{2}$　(2) $\frac{1}{\sqrt{2}}$　(3) $\frac{1}{\sqrt{3}}$　(4) $\frac{1}{2}$　(5) $-\frac{1}{2}$　(6) -1　(7) $-\frac{1}{2}$　(8) $-\frac{1}{2}$　(9) 1　(10) $\sqrt{3}$　(11) $-\frac{1}{\sqrt{2}}$　(12) -1

3 (1) 0.6157　(2) 0.9613　(3) 3.0777　(4) 0.7660　**4** (1) $\frac{1+\sqrt{3}}{2}$　(2) $\frac{5}{2}$　(3) $\frac{3\sqrt{2}}{8}$　(4) $\frac{1}{4}$　**5** 鉛直方向 13.9 m，水平方向 99.0 m

6 $h = 21.4\,\mathrm{cm}$　**7** $x = 2r\sin\frac{\theta}{2}$　**8** (1) $\cos\theta = \frac{3}{5}, \tan\theta = \frac{4}{3}$　(2) $\sin\theta = \frac{\sqrt{7}}{4}$, $\tan\theta = \frac{\sqrt{7}}{3}$　(3) $\cos\theta = -\frac{2\sqrt{2}}{3}, \tan\theta = -\frac{\sqrt{2}}{4}$　(4) $\sin\theta = \frac{5}{13}, \cos\theta = -\frac{12}{13}$
ヒント：(2) $\cos\theta > 0$ より θ は鋭角.　(4) $\tan\theta < 0$ より θ は鈍角.　**9** 54.6 m

10 (1) $\mathrm{AB} = a\cos\theta$　(2) $\mathrm{AH} = a\cos\theta\sin\theta$　(3) $\mathrm{CH} = a\sin^2\theta$　**11** 7.6 m

12 (1) $\frac{3}{8}$　(2) $\frac{8}{3}$　(3) $\frac{11}{16}$　**13** (1) $-\frac{5}{18}$　(2) $\frac{23}{27}$　(3) $\frac{\sqrt{14}}{3}$

5.2 節 **14** (1) $a = 2\sqrt{6}, R = 2\sqrt{3}$　(2) $b = 3\sqrt{6}, R = 3\sqrt{2}$　(3) $R = 4$　(4) $A = 30°, 150°$　**15** (1) $b = \sqrt{5}$　(2) $a = 7$　**16** (1) $a = 3$　(2) $c = \sqrt{3} \pm 1$

17 (1) $A = 120°$　(2) $B = 135°$　**18** (1) 5　(2) $\frac{15}{2}$　(3) $4\sqrt{3}$　(4) $1 + \sqrt{3}$　**19** (1) $6\sqrt{6}$　(2) $\frac{39\sqrt{51}}{4}$　**20** $\mathrm{AD} = \frac{6}{5}\sqrt{3}, \mathrm{BD} = \frac{2}{5}\sqrt{7}$
ヒント：$\mathrm{AD} = x$ とおき，面積に着目．AD は ∠A の 2 等分線だから $\mathrm{BD} : \mathrm{CD} = \mathrm{AB} : \mathrm{AC}$

21 (1) $b = c$ の二等辺三角形　(2) $A = 90°$, または $B = 90°$ の直角三角形　ヒント：例題 5.3 参照. (2) $(a^2 - b^2 + c^2)(a^2 - b^2 - c^2) = 0$　**22** $\frac{15\sqrt{3}}{4} + 4\sqrt{6}$　**23** (1) $\mathrm{BD} = 7$　(2) $\mathrm{CD} = 5$　**24** (1) $\cos B = \frac{5}{7}$　(2) $\mathrm{AC} = \frac{\sqrt{385}}{7}$　(3) $S = 2\sqrt{6}$

25 (1) $\cos\theta = \frac{1}{2}$　(2) $S = \frac{5\sqrt{3}}{2}$　**26** (1) $\cos B = \frac{5}{6}$　(2) $\sin B = \frac{\sqrt{11}}{6}$　(3) $S = \sqrt{11}$　(4) $R = \frac{3\sqrt{55}}{11}$　(5) $r = \frac{7\sqrt{11} - \sqrt{55}}{22}$　(6) $\mathrm{AM} = \sqrt{3}$

5.3 節 **27** (1) $\frac{\pi}{6}$　(2) $\frac{3}{4}\pi$　(3) $\frac{3}{2}\pi$　(4) $\frac{2}{5}\pi$　(5) $\frac{29}{3}\pi$　**28** (1) $60°$　(2) $-510°$　(3) $67.5°$　(4) $36°$　(5) $\left(\frac{540}{\pi}\right)°$　**29** (1) $l = \frac{3}{2}\pi, S = \frac{9}{2}\pi$　(2) $l = \frac{20}{3}\pi, S = \frac{80}{3}\pi$　**30** $\sin\theta, \cos\theta, \tan\theta$ の順に示す．(1) $\frac{\sqrt{3}}{2}, -\frac{1}{2}, -\sqrt{3}$

(2) $-\frac{1}{2}, \frac{\sqrt{3}}{2}, -\frac{1}{\sqrt{3}}$ (3) $-\frac{1}{\sqrt{2}}, \frac{1}{\sqrt{2}}, -1$ (4) 1, 0, 定義されない (5) $-\frac{1}{2}, -\frac{\sqrt{3}}{2}, \frac{1}{\sqrt{3}}$ **31** (1) $\cos\theta = -\frac{\sqrt{15}}{4}, \tan\theta = \frac{1}{\sqrt{15}}$ (2) $\sin\theta = -\frac{12}{13}, \tan\theta = \frac{12}{5}$ (3) $\sin\theta = \frac{2}{\sqrt{5}}, \cos\theta = -\frac{1}{\sqrt{5}}$ (4) $\sin\theta = -\frac{\sqrt{6}}{3}, \tan\theta = -\sqrt{2}$ ヒント：(1) $\sin\theta < 0$ より，θ は第 3 象限の角．(2), (3), (4) も θ の値の範囲に注意．

32 (1) $-\frac{21}{50}$ (2) $\frac{71}{125}$ (3) $-\frac{50}{21}$ **33** (1) $\frac{2}{5}$ (2) $-\frac{7\sqrt{5}}{25}$ (3) $\frac{\sqrt{5}}{2}$

34 (1) **証明** (左辺) $= \frac{\sin\theta}{1+\cos\theta} + \frac{\cos\theta}{\sin\theta} = \frac{\sin^2\theta + (1+\cos\theta)\cos\theta}{(1+\cos\theta)\sin\theta} = \frac{\sin^2\theta + \cos\theta + \cos^2\theta}{(1+\cos\theta)\sin\theta} = \frac{(1+\cos\theta)}{(1+\cos\theta)\sin\theta} =$ (右辺) (2) **証明** (左辺) $= \frac{\sin\theta}{\cos\theta} + \frac{1}{\cos\theta} = \frac{1+\sin\theta}{\cos\theta} = \frac{(1+\sin\theta)(1-\sin\theta)}{\cos\theta(1-\sin\theta)} = \frac{1-\sin^2\theta}{\cos\theta(1-\sin\theta)} = \frac{\cos^2\theta}{\cos\theta(1-\sin\theta)} =$ (右辺) (3) **略証** (左辺) $=$ 途中計算 $= 4\tan\theta\cos\theta = 4\frac{\sin\theta}{\cos\theta}\cdot\cos\theta =$ (右辺) **35** 周期，値域の順に示す．
(1) $2\pi, -3 \leqq y \leqq 3$ (2) $\pi, -4 \leqq y \leqq 4$ (3) 2π, 実数全体 (4) $2\pi, -1 \leqq y \leqq 5$ (5) $6\pi, -2 \leqq y \leqq 2$ (6) $2\pi, -1 \leqq y \leqq 1$（図は最後に掲載）

36 周期，値域の順に示す．(1) $\pi, 0 \leqq y \leqq 2$ (2) $6\pi, -4 \leqq y \leqq 4$（図は最後に掲載）

37 (1) $\theta = \frac{5}{4}\pi, \frac{7}{4}\pi$ (2) $\theta = \frac{\pi}{6}, \frac{11}{6}\pi$ (3) $\theta = \frac{2}{3}\pi, \frac{5}{3}\pi$ (4) $\theta = \frac{\pi}{6}, \frac{5}{6}\pi$ (5) $\theta = \frac{3}{4}\pi, \frac{5}{4}\pi$ (6) $\theta = \frac{\pi}{6}, \frac{5}{6}\pi, \frac{7}{6}\pi, \frac{11}{6}\pi$ **38** (1) $0 \leqq \theta < \frac{4}{3}\pi, \frac{5}{3}\pi < \theta < 2\pi$ (2) $\frac{\pi}{3} \leqq \theta \leqq \frac{5}{3}\pi$ (3) $0 \leqq \theta < \frac{\pi}{2}, \frac{3}{4}\pi \leqq \theta < \frac{3}{2}\pi, \frac{7}{4}\pi \leqq \theta < 2\pi$ (4) $\frac{\pi}{4} < \theta < \frac{3}{4}\pi$ (5) $\frac{\pi}{6} \leqq \theta \leqq \frac{5}{6}\pi, \frac{7}{6}\pi \leqq \theta \leqq \frac{11}{6}\pi$ (6) $0 \leqq \theta \leqq \frac{\pi}{4}, \frac{5}{6}\pi < \theta \leqq \frac{5}{4}\pi, \frac{11}{6}\pi < \theta < 2\pi$

39 (1) $\theta = \frac{\pi}{2}, \frac{7}{6}\pi, \frac{11}{6}\pi$ (2) $\theta = \frac{\pi}{3}, \frac{2}{3}\pi, \frac{4}{3}\pi, \frac{5}{3}\pi$ (3) $\theta = \frac{\pi}{3}, \frac{5}{3}\pi$
(4) $\theta = \frac{\pi}{3}, \frac{\pi}{2}, \frac{2}{3}\pi, \frac{3}{2}\pi$ (5) $\theta = \frac{\pi}{6}, \frac{\pi}{3}, \frac{7}{6}\pi, \frac{4}{3}\pi$ (6) $\theta = 0, \frac{\pi}{3}, \pi, \frac{5}{3}\pi$
(7) $\theta = \frac{\pi}{12}, \frac{3}{4}\pi, \frac{13}{12}\pi, \frac{7}{4}\pi$ (8) $\theta = \frac{11}{12}\pi, \frac{23}{12}\pi$ ヒント：(6) $\sin\theta(2\cos\theta - 1) = 0$ (7) $-\frac{\pi}{3} \leqq 2\theta - \frac{\pi}{3} \leqq 4\pi - \frac{\pi}{3}$ に注意し，$2\theta - \frac{\pi}{3}$ の値を求める．(8) $\theta + \frac{\pi}{4}$ の値を求める．

40 (1) $\frac{\pi}{3} \leqq \theta \leqq \frac{5}{3}\pi$ (2) $\frac{\pi}{6} < \theta < \frac{5}{6}\pi, \frac{7}{6}\pi < \theta < \frac{11}{6}\pi$ (3) $\frac{2}{3}\pi < \theta < \frac{4}{3}\pi$
(4) $0 \leqq \theta < \pi, \frac{4}{3}\pi < \theta < 2\pi$ (5) $0 \leqq \theta < \frac{11}{12}\pi, \frac{19}{12}\pi < \theta < 2\pi$ (6) $\frac{\pi}{18} \leqq \theta \leqq \frac{5}{18}\pi, \frac{13}{18}\pi \leqq \theta \leqq \frac{17}{18}\pi, \frac{25}{18}\pi \leqq \theta \leqq \frac{29}{18}\pi$ ヒント：(4) $\frac{\theta}{2}$ の値の範囲を求める．(5) $\theta + \frac{3}{4}\pi$ の値の範囲を求める．(6) 3θ の値の範囲を求める． **41** $k = \frac{7}{6}, \sin^3\theta + \cos^3\theta = \frac{22}{27}$ ヒント：解と係数の関係． **42** (1) 最大値 $\frac{5}{4}$ ($\theta = \frac{2}{3}\pi, \frac{4}{3}\pi$ のとき)，最小値 -1 ($\theta = 0$ のとき) (2) 最大値 $\frac{5}{2}$ ($\theta = \frac{\pi}{4}, \frac{3}{4}\pi$ のとき)，最小値 $1 - \sqrt{2}$ ($\theta = \frac{3}{2}\pi$ のとき)
(3) 最大値なし，最小値 1 ($\theta = \frac{3}{4}\pi, \frac{7}{4}\pi$ のとき) (4) 最大値 7 ($\theta = \frac{3}{2}\pi$ のとき)，最小値 2 ($\theta = 0$ のとき) ヒント：(1), (2), (3) 例題 5.5 参照．(4) $-\frac{\pi}{2} \leqq \frac{\theta}{3} - \frac{\pi}{2} < \frac{\pi}{6}$ より，$0 \leqq \cos\left(\frac{\theta}{3} - \frac{\pi}{2}\right) \leqq 1$ **43** $-\frac{3}{\sqrt{10}}$ ヒント：まず，$\tan\theta$ の値を求める．$\tan\theta > 0$ より，θ は第 3 象限の角． **44** 18 ヒント：(与式) $= 2 + 4\tan^2\theta$

45 2 ヒント：$\cos\theta + \cos^2\theta = 1$ より，$\sin^2\theta = \cos\theta$ **46** (1) 1 (2) 1

5.4 節 **47** (1) $\frac{\sqrt{6}+\sqrt{2}}{4}$ (2) $\frac{\sqrt{6}-\sqrt{2}}{4}$ (3) $2 - \sqrt{3}$ (4) $\frac{\sqrt{2}-\sqrt{6}}{4}$

48 (1) $\frac{\sqrt{6}-\sqrt{2}}{4}$ (2) $-\frac{\sqrt{6}+\sqrt{2}}{4}$ (3) $-2 - \sqrt{3}$ (4) $\frac{\sqrt{2}-\sqrt{6}}{4}$ **49** (1) $-\frac{3}{5}$

(2) $-\frac{2}{3}$ (3) $-\frac{4}{3}$ (4) $\frac{6+4\sqrt{5}}{15}$ (5) $\frac{8-3\sqrt{5}}{15}$ (6) $\frac{108+50\sqrt{5}}{19}$
(7) $\frac{108-50\sqrt{5}}{19}$ **50** (1) $\frac{\pi}{4}$ (2) $\frac{\pi}{3}$ **51** $y=-(8+5\sqrt{3})x$
52 (1) $\frac{1}{\sqrt{6}}$ (2) $-\frac{\sqrt{30}}{6}$ (3) $-\frac{\sqrt{5}}{3}$ (4) $-\frac{2}{3}$ (5) $\frac{\sqrt{5}}{2}$ (6) $-\frac{1}{9}$
(7) $-\frac{\sqrt{5}}{7}$ (8) $\frac{5\sqrt{30}}{54}$ ヒント：(7) $3\alpha=2\alpha+\alpha$ (8) $5\alpha=4\alpha+\alpha$
53 (1) $\frac{\sqrt{2+\sqrt{2}}}{2}$ (2) $\frac{\sqrt{2-\sqrt{2}}}{2}$ (3) $\sqrt{2}+1$ **54** (1) $\frac{\sqrt{6}}{3}$ (2) $\frac{1}{\sqrt{3}}$ (3) $\frac{\sqrt{2}}{2}$
55 (1) $2\sin\left(\theta+\frac{\pi}{3}\right)$ (2) $2\sin\left(\theta-\frac{\pi}{6}\right)$ (3) $\sqrt{2}\sin\left(\theta+\frac{3}{4}\pi\right)$ (4) $2\sqrt{3}\sin\left(\theta-\frac{5}{6}\pi\right)$
56 (1) $\theta=\frac{\pi}{12},\ \frac{17}{12}\pi$ (2) $\theta=\frac{\pi}{12},\ \frac{19}{12}\pi$ **57** (1) $0\leqq\theta\leqq\frac{\pi}{2},\ \frac{11}{6}\pi\leqq\theta<2\pi$
(2) $0\leqq\theta<\frac{7}{12}\pi,\ \frac{11}{12}\pi<\theta<2\pi$ **58** (1) 最大値 4，最小値 -4 (2) 最大値 $2+\sqrt{29}$，最小値 $2-\sqrt{29}$ **59** (1) $\frac{1}{2}(\sin 5\theta+\sin\theta)$ (2) $\frac{1}{2}(\cos 6\theta+\cos 4\theta)$
(3) $-\frac{1}{2}(\cos 7\theta-\cos\theta)$ **60** (1) $\frac{\sqrt{3}+1}{4}$ (2) $\frac{\sqrt{2}+1}{4}$ (3) $\frac{1}{4}$
61 (1) $2\cos 4\theta\cos\theta$ (2) $2\cos\frac{3\theta}{2}\sin\frac{\theta}{2}$ (3) $-2\sin\frac{7\theta}{2}\sin\frac{3\theta}{2}$
62 (1) $-\frac{4}{5}$ (2) $-\frac{3}{5}$ (3) 10 ヒント：(3) （与式）$=2(1+\tan^2\theta)$
63 $-\frac{59}{72}$ ヒント:2 式を 2 乗して足す． **64** (1) $-\frac{2}{3}$ (2) $\frac{-2-\sqrt{15}}{6}$ (3) $\frac{2\sqrt{2}+\sqrt{10}}{6}$
(4) $\frac{9\sqrt{3}-8\sqrt{5}}{11}$ (5) $\frac{\sqrt{2}+4\sqrt{10}}{18}$ (6) $\frac{\sqrt{3}-4\sqrt{5}}{18}$ **65** (1) $\frac{3}{5}$ (2) $-\frac{24}{25}$ (3) $\frac{1}{\sqrt{5}}$
(4) $-\frac{2}{\sqrt{5}}$ (5) $-\frac{1}{2}$ (6) $\frac{11\sqrt{5}}{25}$ (7) $-\frac{2\sqrt{5}}{25}$ (8) $-\frac{29\sqrt{5}}{625}$
66 (1) 証明 （左辺）$=1-2\sin\theta\cos\theta=$（右辺）
(2) 証明 （左辺）$=(\cos^2\theta+\sin^2\theta)(\cos^2\theta-\sin^2\theta)=1\cdot\cos 2\theta=$（右辺）
(3) 証明 （左辺）$=\frac{1}{2}(\cos 2\alpha+\cos 2\beta)=\frac{1}{2}\left\{(2\cos^2\alpha-1)+(1-2\sin^2\beta)\right\}=\frac{1}{2}\cdot 2(\cos^2\alpha-\sin^2\beta)=$（右辺） ヒント：(3) 積和公式・2 倍角の公式を利用．加法定理と $\sin^2\theta+\cos^2\theta=1$ を用いる別証明もある． **67** (1) $\theta=\frac{7}{24}\pi,\ \frac{13}{24}\pi,\ \frac{31}{24}\pi,\ \frac{37}{24}\pi$ (2) $\theta=0,\ \frac{\pi}{6},\ \frac{5}{6}\pi,\ \pi$
(3) $0<\theta<\pi,\ \frac{7}{6}\pi<\theta<\frac{11}{6}\pi$ (4) $\frac{\pi}{6}\leqq\theta\leqq\frac{3}{2}\pi$ ヒント：(1) 合成．(4) 加法定理で展開後，合成．または和積の公式． **68** (1) $\frac{\sqrt{3}}{8}$ (2) 0 **69** $\frac{5}{4}\pi$ ヒント：$\tan(\alpha+\beta+\gamma)$ の値を求める．$\frac{\pi}{4}<\alpha<\beta<\gamma<\frac{\pi}{2}$ より，$\frac{3}{4}\pi<\alpha+\beta+\gamma<\frac{3}{2}\pi$

第6章

6.1節 **1** (1) $\mathrm{AB}=\sqrt{10}$ (2) $\mathrm{CD}=\sqrt{37}$ (3) $\mathrm{OE}=2\sqrt{5}$ (4) $\mathrm{OF}=13$
2 (1) $\left(0,\frac{3}{2}\right)$ (2) $\left(\frac{3}{4},0\right)$ **3** (1) $\left(\frac{25}{6},\frac{25}{6}\right)$ (2) $\left(-\frac{5}{2},\frac{5}{2}\right)$
4 (1) $\mathrm{P}\left(\frac{1}{5}\right)$ (2) $\mathrm{Q}(1)$ (3) $\mathrm{R}\left(\frac{31}{3}\right)$ (4) $\mathrm{S}(-27)$
5 (1) $\mathrm{P}\left(-1,\frac{13}{5}\right)$ (2) $\mathrm{Q}\left(-\frac{1}{2},3\right)$ (3) $\mathrm{R}\left(-\frac{14}{3},-\frac{1}{3}\right)$ (4) $\mathrm{S}\left(\frac{19}{2},11\right)$
6 $\mathrm{Q}(5,4)$ **7** (1) $\left(\frac{2}{3},-\frac{5}{3}\right)$ (2) $\left(-\frac{4}{3},0\right)$ **8** $\mathrm{C}(-5,-6)$
9 $\mathrm{A}\left(-1,-\frac{4}{3}\right)$, $\mathrm{B}\left(2,-\frac{1}{3}\right)$, $\mathrm{C}\left(-1,\frac{11}{3}\right)$ **10** $\mathrm{A}\left(-2,-\frac{1}{7}\right)$, $\mathrm{B}\left(0,\frac{3}{7}\right)$, $\mathrm{C}\left(-1,\frac{12}{7}\right)$
11 (1) $\mathrm{P}(2,2)$ (2) $\mathrm{D}(7,8)$ **12** $\mathrm{Q}(-8,4)$ **13** $(3,0)$，$\left(\frac{19}{2},0\right)$

14 AB $= 5$, AC $= 5$, BC $= 5\sqrt{2}$ より AB $=$ AC．また，$\mathrm{AB}^2 + \mathrm{AC}^2 = \mathrm{BC}^2$ より $\angle\mathrm{A} = 90°$．ゆえに，$\triangle$ABC は AB $=$ AC, $\angle\mathrm{A} = 90°$ の直角二等辺三角形である．
15 証明略 ヒント：解く前にを参照.

6.2 節 **16** (1) $y = -3x + 4$ (2) $2x - 3y + 13 = 0$ **17** (1) $x - 2y + 7 = 0$ (2) $7x - 4y - 1 = 0$ (3) $x = 1$ (4) $y = 3$ **18** $4x + 3y - 5 = 0$
19 平行，垂直の順に示す．(1) $4x + y - 1 = 0,\ x - 4y - 13 = 0$
(2) $x + 3y + 8 = 0,\ 3x - y - 6 = 0$ (3) $y = -3,\ x = 1$ (4) $x = 1,\ y = -3$
20 (1) $7x + 5y - 6 = 0$ (2) $21x + 15y + 19 = 0$ **21** $\mathrm{B}\left(-\frac{21}{5}, \frac{2}{5}\right)$
22 (1) $a = -3$ (2) $a = -2$ **23** (1) $x - 2y = 0$ (2) $(8, 4)$ (3) 5
24 $\alpha = -18$，交点 $\left(-\frac{1}{7}, \frac{5}{7}\right)$ **25** $\left(-\frac{7}{5}, \frac{4}{5}\right)$ **26** (1) $d = \frac{|x_1y_2 - x_2y_1|}{\sqrt{x_1^2 + y_1^2}}$
(2) 証明略 ヒント：(1) で求めた距離を d とすると求める面積 S は $S = \frac{\mathrm{OA} \times d}{2}$ より従う．

6.3 節 **27** 直線 $4x - 2y - 5 = 0$ **28** (1) $(x + 2)^2 + (y - 1)^2 = 9$
(2) $(x - 2)^2 + (y - 3)^2 = 20$ (3) $(x + 1)^2 + (y + 1)^2 = 13$
29 (1) 中心 $(2, -3)$，半径 3 の円 (2) 中心 $\left(-2, \frac{5}{2}\right)$，半径 $\frac{\sqrt{37}}{2}$ の円
(3) 点 $(2, -3)$ (4) 表す図形なし **30** (1) $(x - 1)^2 + (y - 2)^2 = 13$
(2) $(x - 2)^2 + y^2 = 26$ (3) $x^2 + (y - 4)^2 = 10$ **31** 中心 $(0, -7)$，半径 6 の円
32 長軸の長さ，短軸の長さ，焦点の順に示す． (1) $2\sqrt{5},\ 2,\ (\pm 2, 0)$ (2) $4,\ 2\sqrt{3},\ (\pm 1, 0)$
(3) $6,\ 4,\ (0, \pm\sqrt{5})$ (図は最後に掲載) **33** (1) $\frac{x^2}{16} + \frac{y^2}{7} = 1$ (2) $\frac{x^2}{2} + \frac{y^2}{9} = 1$
34 楕円 $\frac{x^2}{3} + \frac{y^2}{4} = 1$ **35** 焦点，漸近線の順に示す． (1) $(\pm 5, 0),\ y = \pm\frac{3}{4}x$
(2) $(\pm\sqrt{13}, 0),\ y = \pm\frac{2}{3}x$ (3) $(0, \pm 2),\ y = \pm\frac{1}{\sqrt{3}}x$ (図は最後に掲載)
36 (1) $\frac{x^2}{4} - \frac{y^2}{8} = 1$ (2) $\frac{x^2}{5} - \frac{y^2}{9} = -1$ **37** 双曲線 $\frac{x^2}{12} - \frac{y^2}{4} = -1$
38 焦点，準線の順に示す． (1) $(4, 0),\ x = -4$ (2) $\left(-\frac{1}{8}, 0\right),\ x = \frac{1}{8}$
(3) $(0, 1),\ y = -1$ (図は最後に掲載) **39** $y^2 = \frac{4}{3}x$
40 (1) $(x + 1)^2 + \frac{(y - 2)^2}{4} = 1$ (2) $\frac{(x + 1)^2}{4} - \frac{(y - 2)^2}{9} = -1$ (3) $y^2 = 2x$
41 双曲線 $\frac{x^2}{12} - \frac{(y - 5)^2}{4} = -1$ **42** (1) $(1, 0),\ \left(-\frac{3}{5}, -\frac{8}{5}\right)$ (2) $(1, 0),\ \left(\frac{5}{3}, \frac{4}{3}\right)$
(3) $\left(3 \pm 2\sqrt{2}, 2 \pm 2\sqrt{2}\right)$ (複号同順) **43** $k = -2 \pm 2\sqrt{5}$

44 (1)
$$\begin{cases} -\sqrt{10} < k < \sqrt{10} \text{ であるとき共有点は 2 個} \\ k = \pm\sqrt{10} \text{ であるとき共有点は 1 個} \\ k < -\sqrt{10},\ k > \sqrt{10} \text{ であるとき共有点なし} \end{cases}$$

(2)
$$\begin{cases} k < -\sqrt{15},\ k > \sqrt{15} \text{ であるとき共有点は 2 個} \\ k = \pm\sqrt{15} \text{ であるとき共有点は 1 個} \\ -\sqrt{15} < k < \sqrt{15} \text{ であるとき共有点なし} \end{cases}$$

(3) $\begin{cases} k < \frac{1}{4} \text{ であるとき共有点は 2 個} \\ k = \frac{1}{4} \text{ であるとき共有点は 1 個} \\ k > \frac{1}{4} \text{ であるとき共有点なし} \end{cases}$

45 (1) $y = \pm\sqrt{15}\,x + 4$ (2) $y = \pm 2\sqrt{3}\,x + 4$ (3) $x = 0,\ y = \frac{1}{16}x + 4$

46 $2x \pm \sqrt{5}\,y = 6$ **47** (1) $m = \frac{4}{3}$ (2) $0 < m \leqq \frac{4}{3}$ **48** $y = x - 1$

49 (1) $(2, 1),\ (4, 3)$ (2) $2\sqrt{2}$ (3) $(x-3)^2 + (y-2)^2 = 2$

50 $(x-1)^2 + (y-1)^2 = 13$

51 (1) $(x-2)^2 + (y-3)^2 = 9$ (2) $\begin{cases} (x+2)^2 + (y-2)^2 = 4, \\ (x+10)^2 + (y-10)^2 = 100 \end{cases}$

(3) $\begin{cases} (x-2)^2 + (y-2)^2 = 4, \\ (x-6)^2 + (y-6)^2 = 36 \end{cases}$ **52** (1) $(2 \pm \sqrt{5}, -1)$ (2) $(8, 2),\ (-2, 2)$

(3) $(1, 3 \pm \sqrt{5})$ (4) $(3, 1)$ (図は最後に掲載) **53** (1) 楕円 $\frac{x^2}{4} + y^2 = 1$ を x 軸方向に 1 だけ平行移動した曲線 (2) 双曲線 $\frac{x^2}{9} - \frac{y^2}{4} = -1$ を x 軸方向に 2, y 軸方向に 3 だけ平行移動した曲線 (3) 放物線 $y^2 = 2x$ を x 軸方向に 4, y 軸方向に -3 だけ平行移動した曲線

54 (1) $\frac{(x-2)^2}{25} + \frac{(y-1)^2}{16} = 1$ (2) $\frac{(x-2)^2}{2} - \frac{(y-1)^2}{2} = 1$ (3) $(y-2)^2 = 4(x+1)$

55 楕円 $\frac{x^2}{4} + \frac{y^2}{9} = 1$ **56** 楕円 $x^2 + \frac{y^2}{9} = 1$ **57** $\left(-\frac{15}{8}, -\frac{5}{8}\right)$

6.4 節 **58**, **59**, **60** (図は最後に掲載) **61** (1) $\begin{cases} x^2 + y^2 < 9 \\ y > x - 1 \end{cases}$

(2) $\begin{cases} x^2 + y^2 > 1 \\ (x-2)^2 + y^2 < 4 \end{cases}$ (3) $\begin{cases} x^2 + y^2 \leqq 4 \\ y \leqq -x^2 \end{cases}$ (4) $\begin{cases} \frac{x^2}{4} + y^2 \leqq 1 \\ y \geqq x \end{cases}$

(5) $\begin{cases} \frac{\pi}{4} \leqq x \leqq \frac{5}{4}\pi \\ y \leqq \sin x \\ y \geqq \cos x \end{cases}$ (6) $\begin{cases} x^2 + y^2 \leqq 2 \\ y \geqq \left(\frac{1}{2}\right)^x \end{cases}$ **62** (1) $x = \frac{10}{3},\ y = \frac{4}{3}$ のとき最大値 $\frac{50}{3}$, $x = y = 0$ のとき最小値 0 (2) $x = 5,\ y = 0$ のとき最大値 5, $x = y = 0$ のとき最小値 0 **63**, **64** (図は最後に掲載) **65** $\begin{cases} y > 0 \\ y < \frac{4}{3}x \\ y < -x + 7 \end{cases}$

66 (図は最後に掲載) **67** $\begin{cases} x = y = 4 \text{ のとき，最大値 } 32 \\ x = y = 2 \text{ のとき，最小値 } 8 \end{cases}$

68 $x = \frac{4}{5},\ y = \frac{2}{5}$ のとき，最小値 $\frac{4}{5}$

第 7 章

7.1 節 **1** (1) 8 通り (2) 3 通り (3) 4 通り **2** (1) 16 通り (2) 4 通り (3) 4 通り (4) 15 通り **3** 7 通り **4** (1) 6 通り (2) 6 通り **5** (1) 5 通り (2) 4 通り **6** 11 通り **7** (1) 13 通り (2) 22 通り (3) 3 通り **8** 9 通り **9** 36 個 **10** 24 個 **11** (1) 12 個 (2) 36 個 **12** 35 個 **13** 10 通り **14** 18 通り，15 通り **15** 12 個（z のとり得る値は 1, 2, 3, 4 であり，それぞれについて x, y のとり得る値を求める）
16 9 個

7.2 節 **17** (1) 624 (2) $\frac{1}{630}$ (3) 1680 (4) 720 (5) 1 (6) 10 (7) 45 (8) 4 (9) $n(n-1)$ (10) $(n+1)n(n-1)\cdots 4\cdot 3$ (11) 1 (12) 1
18 (1) $n=6$ (2) $n=3$ (3) $n=5$ **19** (1) 720 通り (2) 144 通り (3) 144 通り **20** (1) 60 個 (2) 12 個 (3) 24 個 (4) 36 個
21 5040 通り **22** 120 通り **23** (1) 495 通り (2) 210 通り (3) 490 通り **24** 252 通り **25** 非負整数の組は ${}_{10+2}\mathrm{C}_2 = 66$ 個，自然数の組は ${}_{7+2}\mathrm{C}_2 = 36$ 個 **26** 3 次方程式を解けばよい．$n>0$ なる整数であることに注意．
(1) 6 (2) 5
27 (1) （右辺）$= n\frac{(n-1)!}{\{n-1-(r-1)\}!\,(r-1)!} = \frac{n\cdot(n-1)!}{(n-1+1-r)!\,(r-1)!} =$（左辺）
(2) （右辺）$= n\frac{(n-1)!}{\{n-1-(r-1)\}!} = \frac{n!}{(n-r)!} =$（左辺）
(3) （左辺）$= \frac{n!}{(n-r)!\,r!} = \frac{n!}{r!\,(n-r)!} = \frac{n!}{\{n-(n-r)\}!\,(n-r)!} =$（右辺）
28 $n=6, r=3$（まず ${}_n\mathrm{P}_r = {}_n\mathrm{C}_r \times r!$ より r の値を求める．この r の値を条件のどちらかの式に代入すればよい） **29** 26 本

7.3 節 **30** (1) $a^4+8a^3b+24a^2b^2+32ab^3+16b^4$
(2) $a^5-5a^4b+10a^3b^2-10a^2b^3+5ab^4-b^5$ (3) $27a^3-54a^2b+36ab^2-8b^3$
(4) $x^4-2x^3+\frac{3x^2}{2}-\frac{x}{2}+\frac{1}{16}$ (5) $x^5-5x^3+10x-\frac{10}{x}+\frac{5}{x^3}-\frac{1}{x^5}$
(6) $64x^6+96x^4+60x^2+20+\frac{15}{4x^2}+\frac{3}{8x^4}+\frac{1}{64x^6}$ **31** (1) 120 (2) 560 (3) 24 (4) $-\frac{10}{27}$ **32** 二項定理を用いて $(1+x)^n$ を展開し，(1) $x=1$ を代入 (2) $x=-1$ を代入 **33** 15 **34** x^5 の係数は $\frac{5}{2}$，定数項は $-\frac{5}{4}$
35 30 ヒント：$(a+b+c)^5 = \{(a+b)+c\}^5$ に対し，2 項定理を用いる．
36 証明略 ヒント：二項定理を用いて左辺を展開したとき，${}_n\mathrm{C}_r x^r$ $(r=3,4,\ldots,n)$ は正の数であることに注意せよ． **37** 証明略 ヒント：いずれも二項定理を用いて変形する．(1) 二項定理より (左辺) $= \{p+(1-p)\}^n = 1^n = 1$ (2) 問題 **27**(1) より $r=1,2,\ldots,n$ に対して $rf(r) = np\,{}_{n-1}\mathrm{C}_{r-1}p^{r-1}(1-p)^{(n-1)-(r-1)}$ が成り立つことを用いる．(3) $r=1,2,\ldots,n$ に対して $r^2\,{}_n\mathrm{C}_r = rn\,{}_{n-1}\mathrm{C}_{r-1} = n(r-1+1){}_{n-1}\mathrm{C}_{r-1} = n\left\{(r-1){}_{n-1}\mathrm{C}_{r-1} + {}_{n-1}\mathrm{C}_{r-1}\right\}$ と変形できることを用いる．

7.4 節　**38**　120 通り　**39**　1344 通り　**40**　81 通り　**41**　(1)　625 個
(2)　250 個　(3)　375 個　(4)　250 個　**42**　(1)　35 通り　(2)　10 通り
(3)　5 通り　(4)　20 通り　**43**　1680 通り　**44**　128 通り

45　320 個（千の位のとり得る値は 5, 6, 7 の 3 通りである）

46　126 個（1 から 9 の数から異なる 4 個を選べば大小関係が 1 通りに決まる）

47　83 番目（万の位が 1, 2, 3 である数はそれぞれ 24 個，41 で始まる 5 桁の数は 6 個，421, 423 で始まる数はそれぞれ 2 個）　**48**　2 人，3 人，5 人の組にわける方法は，2520 通り，3 人，3 人，4 人の組にわける方法は，2100 通り

49　24 通り（まず女子の座り方を確定し，男子をその間に埋めていく）　**50**　7 桁

51　P を通るもの 60 通り，P を通らないもの 66 通り

図 一 覧

第 3 章

15 の図

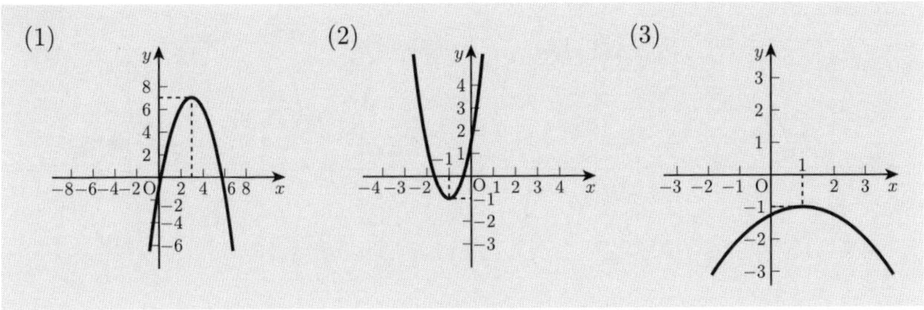

22 の図

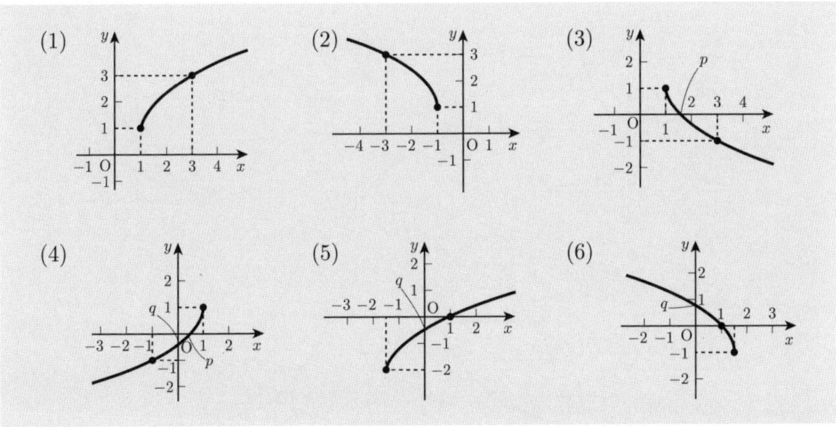

24の図

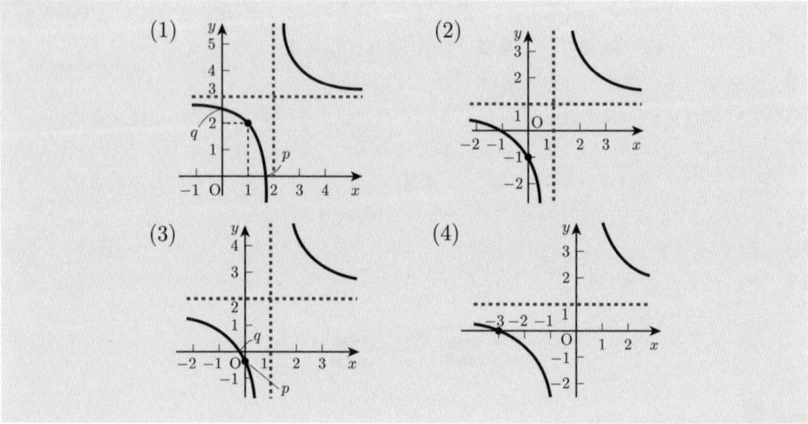

27の図

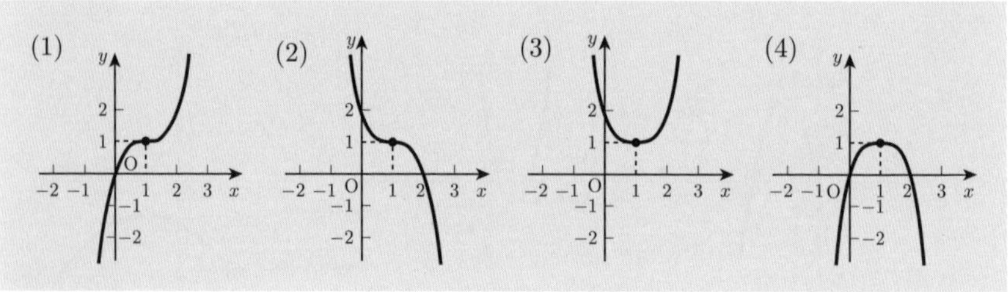

第 4 章

11の図

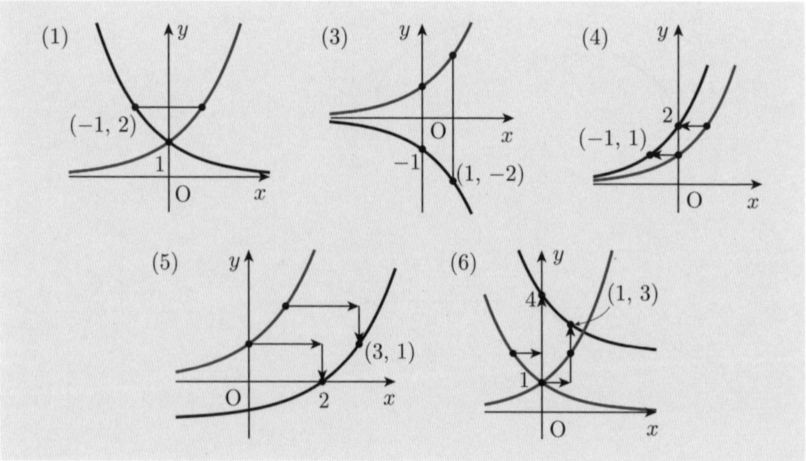

29の図

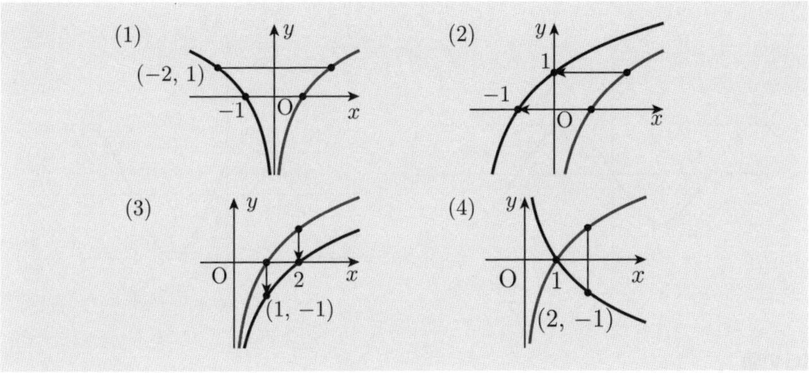

第 5 章

35の図

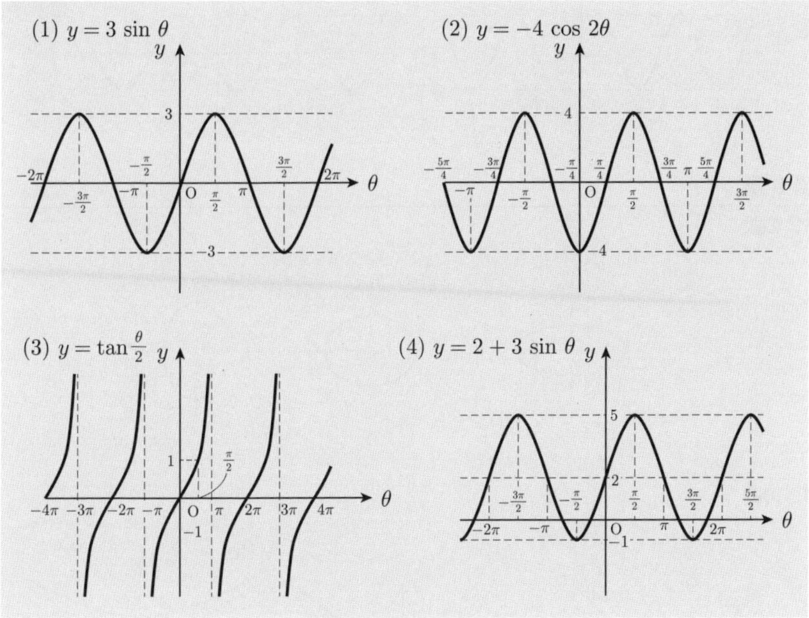

(5) $y=2\sin\frac{\theta}{3}$

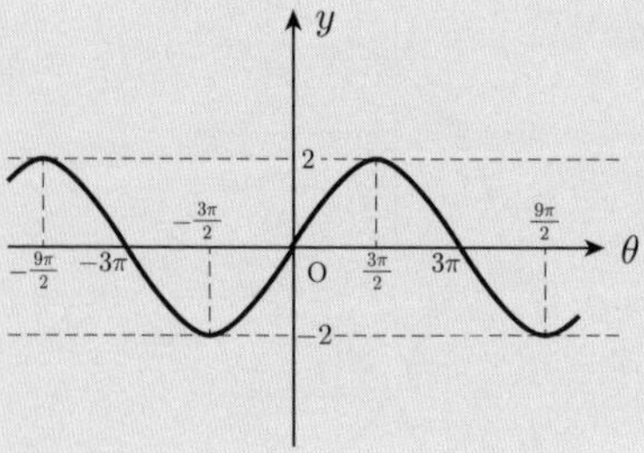

(6) $y=\cos\left(\theta+\frac{\pi}{3}\right)$

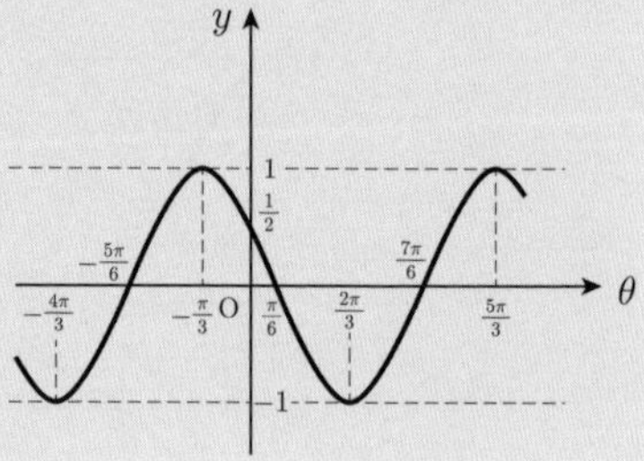

36の図

(1) $y=1+\cos\left(2\theta+\frac{\pi}{3}\right)$

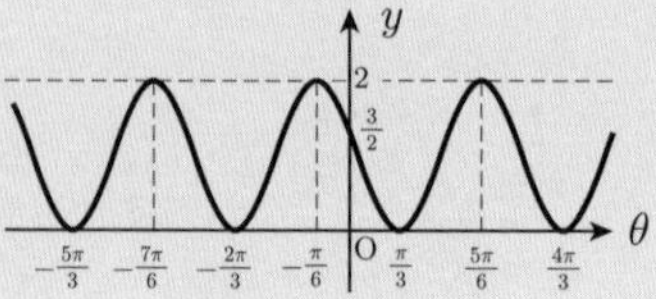

(2) $y=4\sin\left(\frac{\theta}{3}-\frac{\pi}{6}\right)$

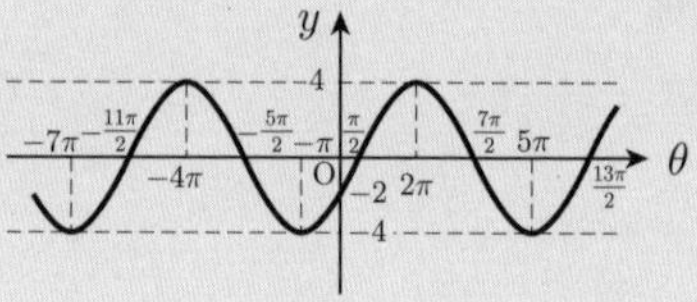

第6章

32の図

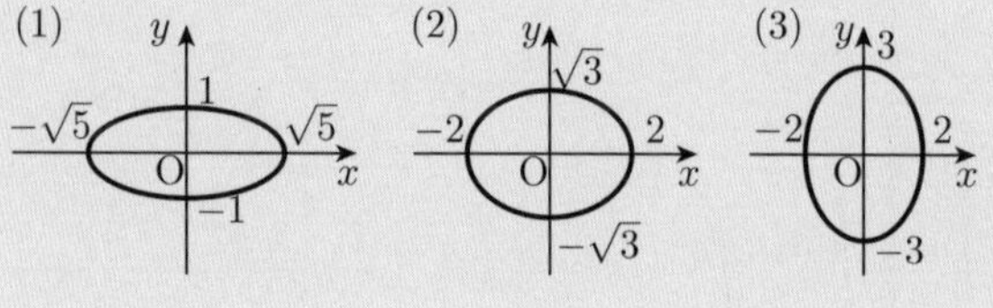

35の図

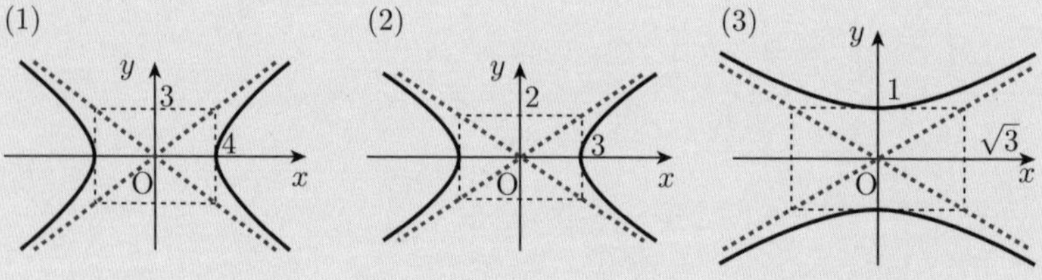

38の図

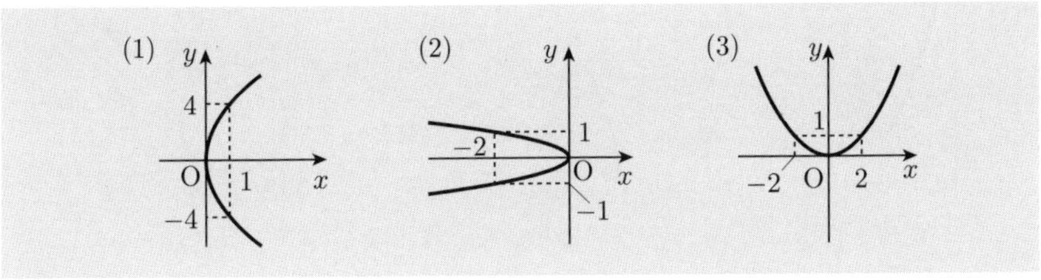

52の図

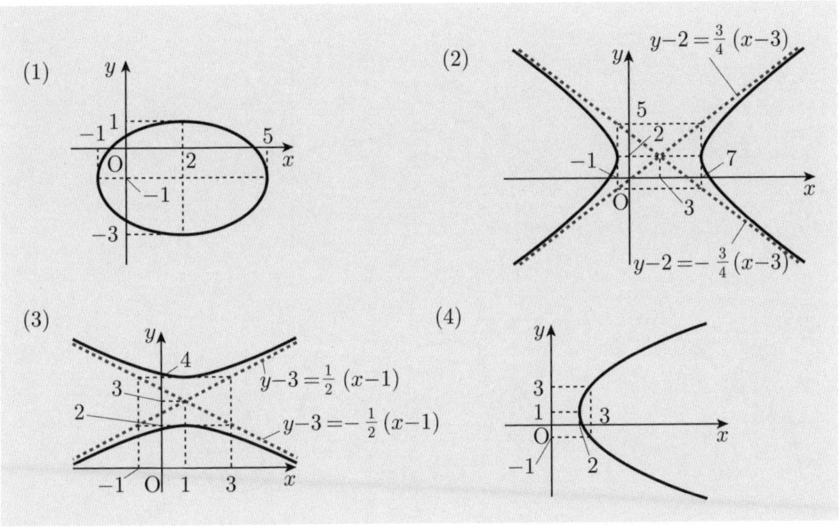

58の図

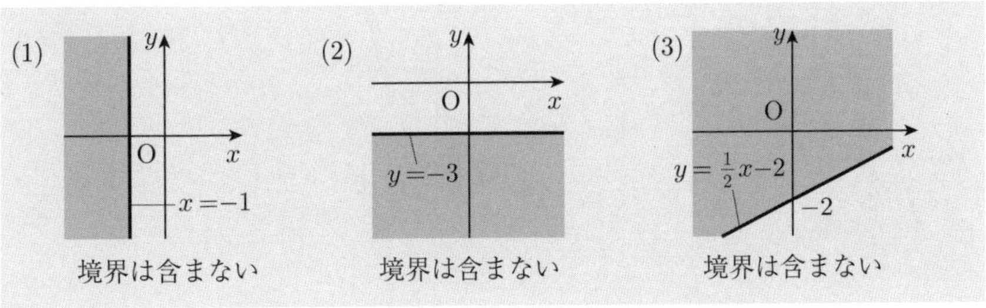

(4)

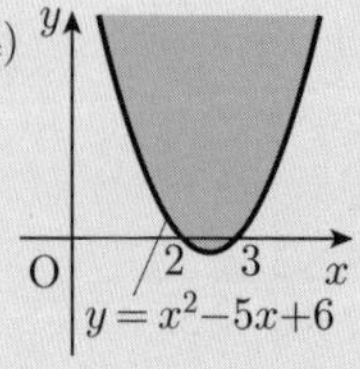

境界を含む

(5)

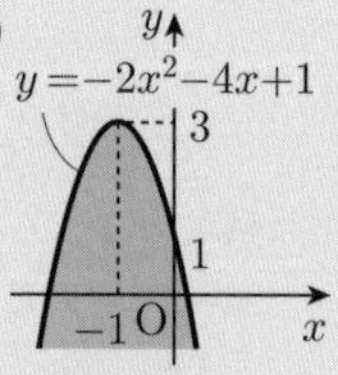

境界は含まない

(6)

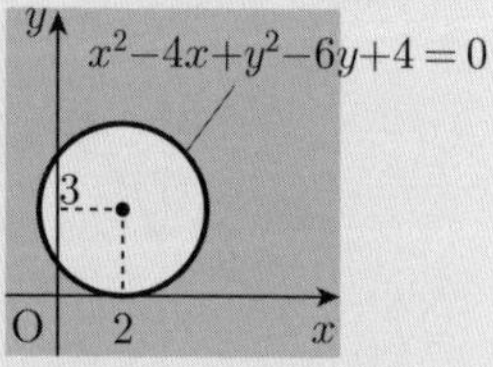

境界は含まない

59の図

(1)

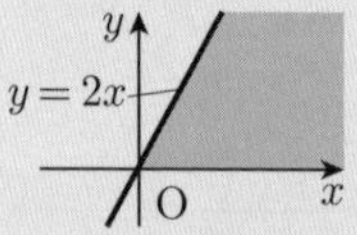

境界を含む

(2)

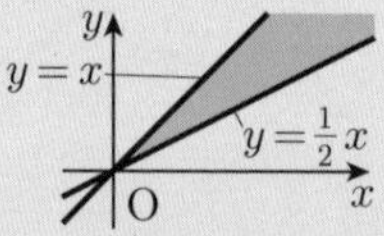

境界は含まない

(3)

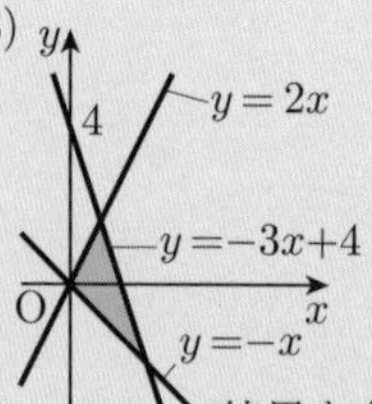

境界を含む

(4)

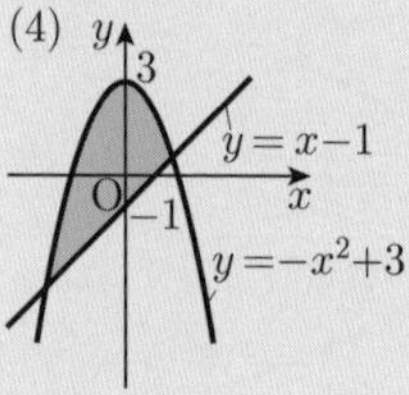

境界を含む

(5)

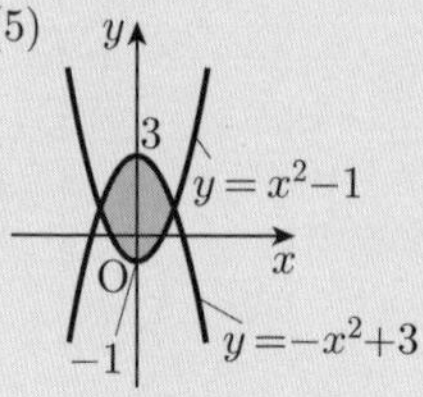

境界を含む

(6)

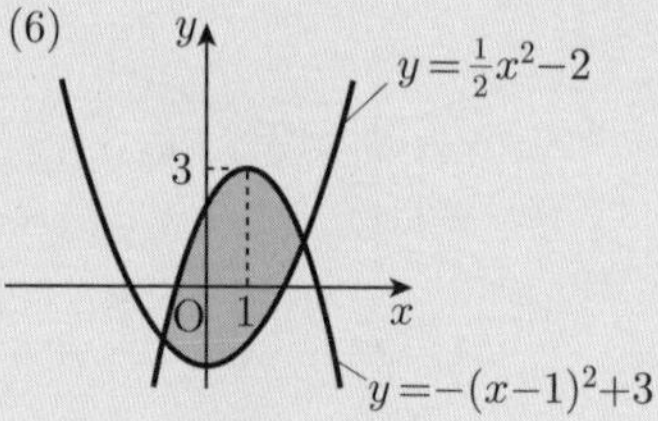

境界は含まない

(7)

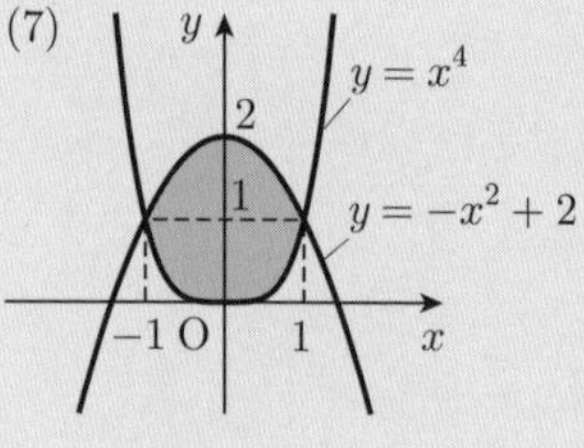

境界を含む

(8)

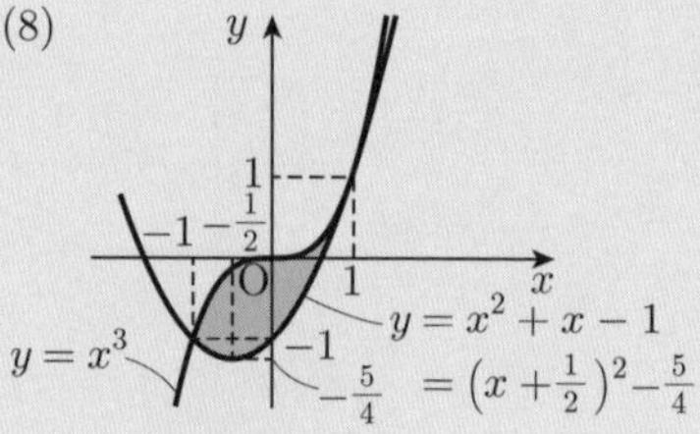

境界を含む

60の図

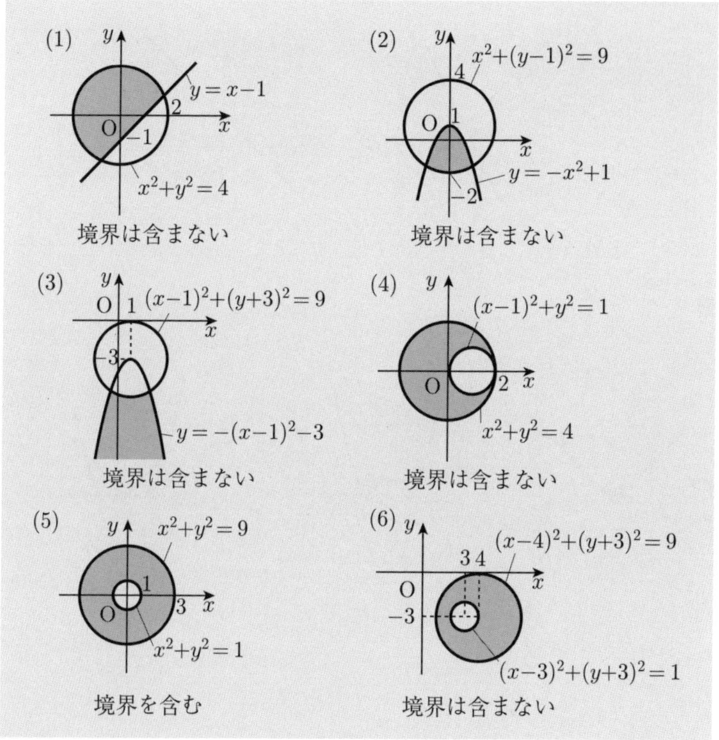
(1)
$y=x-1$
$x^2+y^2=4$
境界は含まない
(2)
$x^2+(y-1)^2=9$
$y=-x^2+1$
境界は含まない
(3)
$(x-1)^2+(y+3)^2=9$
$y=-(x-1)^2-3$
境界は含まない
(4)
$(x-1)^2+y^2=1$
$x^2+y^2=4$
境界は含まない
(5)
$x^2+y^2=9$
$x^2+y^2=1$
境界を含む
(6)
$(x-4)^2+(y+3)^2=9$
$(x-3)^2+(y+3)^2=1$
境界は含まない

63の図

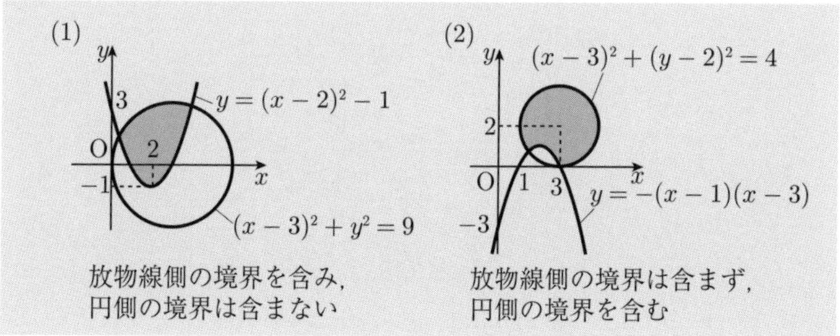
(1)
$y=(x-2)^2-1$
$(x-3)^2+y^2=9$
放物線側の境界を含み,
円側の境界は含まない
(2)
$(x-3)^2+(y-2)^2=4$
$y=-(x-1)(x-3)$
放物線側の境界は含まず,
円側の境界を含む

64の図

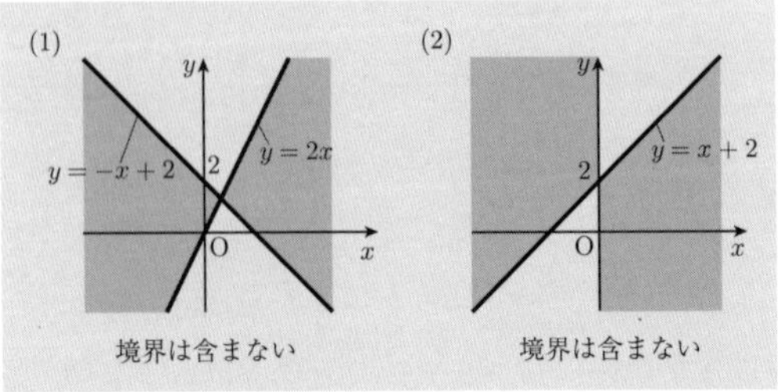
(1)
y
y = −x + 2
2
y = 2x
O
x
境界は含まない
(2)
y
2
y = x + 2
O
x
境界は含まない

66の図

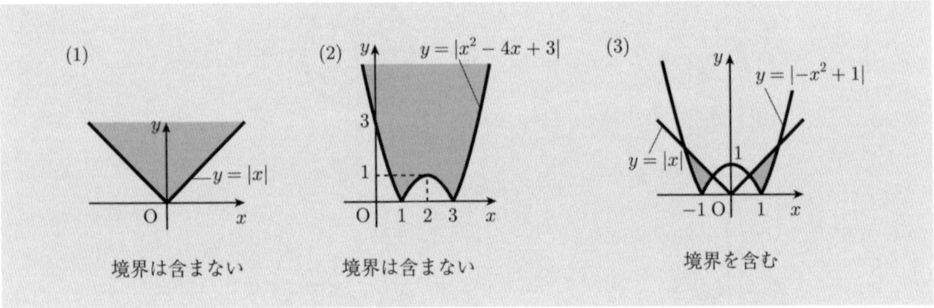
(1)
y
y = |x|
O
x
境界は含まない
(2)
y
y = |x² − 4x + 3|
3
1
O
1
2
3
x
境界は含まない
(3)
y
y = |−x² + 1|
y = |x|
1
−1
O
1
x
境界を含む

執筆者（五十音順）

新井《あらい》　達也《たつや》　筑波技術大学准教授
五十川《いそがわ》　読《さとる》　熊本高等専門学校教授
上松《うえまつ》　和弘《かずひろ》　鶴岡工業高等専門学校教授
奥村《おくむら》　昌司《しょうじ》　舞鶴工業高等専門学校教授
友安《ともやす》　一夫《かずお》　都城工業高等専門学校教授
中村《なかむら》　元《げん》　松江工業高等専門学校教授
西川《にしかわ》　雅堂《まさたか》　鳥羽商船高等専門学校准教授
濱田《はまだ》さやか　熊本高等専門学校准教授
南《みなみ》　貴之《たかゆき》　香川高等専門学校教授

終わりに，次の先生方にはこの本の編集にあたり，有益なご意見や，周到なご校閲をいただいた．深く謝意を表したい．

校閲者（五十音順）

赤池　祐次　呉工業高等専門学校
川崎　雄貴　広島商船高等専門学校
佐野　照和　木更津工業高等専門学校
長尾　秀人　明石工業高等専門学校
松田　一秀　新居浜工業高等専門学校
向江　頼士　都城工業高等専門学校

カバー・表紙デザイン：KIS・小林　哲哉

監修者
河東《かわひがし》　泰之《やすゆき》　東京大学大学院数理科学研究科教授　Ph.D.

編著者
佐々木《ささき》良勝《よしかつ》　近畿大学工学部准教授　博士（数理科学）
鈴木《すずき》　香織《かおり》　横浜国立大学経営学部准教授　博士（数理科学）
竹縄《たけなわ》　知之《ともゆき》　東京海洋大学学術研究院教授　博士（数理科学）

LIBRARY 工学基礎 & 高専 TEXT＝CKM–E1
基礎数学 問題集［第2版］

2012年11月10日©	初版発行
2021年 2月25日	初版第5刷発行
2021年12月10日©	第2版発行
2022年 3月10日	第2版第2刷発行

監修者　河東泰之　　発行者　矢沢和俊
編著者　佐々木良勝　　印刷者　小宮山恒敏
　　　　鈴木香織
　　　　竹縄知之

【発行】　株式会社　数理工学社
〒151–0051　東京都渋谷区千駄ヶ谷1丁目3番25号
☎（03）5474–8661（代）　サイエンスビル

【発売】　株式会社　サイエンス社
〒151–0051　東京都渋谷区千駄ヶ谷1丁目3番25号
営業☎（03）5474–8500（代）　振替 00170–7–2387
FAX☎（03）5474–8900

印刷・製本　小宮山印刷工業（株）

≪検印省略≫

ISBN978–4–86481–079–1

PRINTED IN JAPAN

サイエンス社・数理工学社の
ホームページのご案内
https://www.saiensu.co.jp
ご意見・ご要望は
suuri@saiensu.co.jp まで．